Insa Thiele-Eich

Wirklich wichtiges Wissen –
von heiter bis wolkig

INSA THIELE-EICH

Wirklich wichtiges Wissen*

*von heiter bis wolkig

Wärme, Wurmloch, Weltgeschehen:
Was das Wetter mit uns macht

Mit Illustrationen
von David Klaus

dtv

TO SUNSHINE

MIX
Papier | Fördert gute Waldnutzung
FSC® C083411

Umschlaggestaltung: FAVORITBUERO, München,
unter Verwendung eines Fotos von Pauline Bossdorf
und Motiven von shutterstock.com
Illustrationen: David Klaus
Satz: Nadine Clemens, München
Gesetzt aus der Franziska
Druck und Bindung: CPI books GmbH, Leck
Printed in Germany • ISBN 978-3-423-26373-3

Inhalt

Lasst uns übers Wetter reden

Hallo, ich bin Meteorologin. »Meteo-wie-bitte«, antwortet mein Gegenüber meistens, sei es auf der Party, bei der Familienfeier oder in der Krabbelgruppe. Wenn ich die Erklärung nicht schnell genug griffbereit habe, geht es auch direkt weiter: »Das ist doch das mit den Sternen, oder?« – fast. »Ich bin Sternzeichen Widder, sagst du mir mein Horoskop?« – auf keinen Fall. Oder: »Ach, wolltest du schon immer ins Fernsehen?« – auf gar keinen Fall.

Wenn dann klar ist, dass Meteorologie etwas mit Wetter zu tun hat, bietet sich beim Smalltalk-Thema Nummer eins viel weiterer Gesprächsstoff. Das Gute ist: Ich bin sehr gesprächig und rede gerne über das Wetter. Legen wir also los!

Meteorologie ist die Wissenschaft der Atmosphäre, das stete Bemühen um ein Verständnis der Welt des Wetters. Und sosehr ich im Studium in den Mathematikvorlesungen geschwitzt und beinahe vor der theoretischen Physik kapituliert habe, macht es einfach jeden Tag aufs Neue Spaß zu sehen, wie unsere Welt durch etwas beeinflusst wird, das wir selbst einfach nicht kontrollieren können. Keine App der Welt kann mir garantieren, dass ich meinen 40. Geburtstag bei Sonnenschein und angenehmen 27 °C feiern werde und die Party nicht im strömenden Regen nach drinnen verlegen muss.

Seit ein paar Jahren ergänze ich meine Vorstellung noch um »… und Klimawissenschaftlerin«. Und da, das sei ganz klar gesagt, ist es mit dem Spaß dann auch fast vorbei. Umso dankbarer bin ich, dass sich dieses Buch nahezu ausschließlich der wunderbaren Welt des Wetters widmen kann. Damit wir bei allen Herausforderungen, die der Klimawandel mit sich bringt, und bei aller Anstrengung, die vor uns liegt, nicht vergessen: Wir haben es auf unserem Planeten richtig schön.

Ich freue mich, dass ihr dieses Buch in der Hand habt, und hoffe, euch macht die Reise durch die Welt des Wetters genauso viel Spaß wie mir. Eines ist klar: Wetter ist überall. Und so stand ich zu Beginn des Buches vor der Aufgabe, aus der Vielfalt der Themen jene auszuwählen, die es auf eine der nächsten Seiten schaffen. Allein das Lehrbuch *Die Atmosphäre der Erde – Eine Einführung in die Meteorologie* von Helmut Kraus, mit dem ich in der Einführungsvorlesung die Grundlagen der Meteorologie gelernt habe, hat 442 Seiten. Die Komplexität des Wetters und der dahinterliegenden meteorologischen Prozesse ist das eine, die Vielfalt der Bereiche, die in Wechselwirkung mit dem Wetter stehen – von Gesundheit über Sprache zu Musik und Kunst –, hat mich öfter vor die Aufgabe gestellt, einen Weg zwischen physikalischem Grundverständnis und populärwissenschaftlicher Betrachtung zu finden. Deshalb gibt es am Ende dieses Buches auch Quellenangaben für alle, die gerne tiefer in die verschiedenen Themenbereiche einsteigen möchten.

Nicht alle Themen, die ich spannend finde, haben es in dieses Buch geschafft, manche konnte ich nur anreißen. Bei der Recherche ist mir so viel Wissen über das Wetter begegnet, das auch mich noch überrascht hat. Besonders faszinierend fand ich gerade die Themen, die mir in meinem Arbeitsalltag sonst eher nicht begegnen. Also: Falls ihr bereits ein Studium der Meteorologie hinter euch habt, euch das Buch aber geschenkt wurde, weil »du machst doch was mit Wetter«, ist euch vieles vielleicht schon bekannt. Trotzdem hoffe ich, auch ihr erlebt beim Lesen noch ein paar »Ach, das wusste ich ja noch gar nicht«-Momente – so ging es mir nämlich ständig.

Die Welt der Meteorologie ist eine sehr kleine Gemeinschaft, und es gibt keine geschützte Berufsbezeichnung. Deswegen an dieser Stelle schon jetzt das Versprechen: Spätestens am Ende dieses Buches dürft auch ihr euch Meteorologin oder Meteorologe nennen. Und damit: viel Freude beim Lesen!

Und nun: das Wetter

Wetter bezieht sich auf den Zustand der Atmosphäre an einem bestimmten Ort zu einem bestimmten Zeitpunkt. Dieser momentane Zustand lässt sich mit verschiedenen Elementen beschreiben, zum Beispiel durch Temperatur, Luftfeuchtigkeit, Luftdruck, Windgeschwindigkeit, Niederschlag und Wolkenbedeckung. Das Wetter kann sich von einem Tag auf den anderen ändern – auch innerhalb weniger Stunden oder sogar Minuten. Es präsentiert uns jeden Tag eine Vielzahl von faszinierenden Phänomenen, die wiederum selbst von unzähligen Faktoren beeinflusst werden. Und: Das Wetter war auch schon lange vor uns da. Ursächlich für das Entstehen von Wetter sind Wechselwirkungen zwischen der Atmosphäre, der Erdoberfläche und der Sonnenstrahlung – uns Menschen braucht es dazu nicht. Aber wie entsteht das Wetter denn nun genau?

Die Erde wird von einer Schicht aus Gasen umgeben – unserer Atmosphäre und dem Ort des Geschehens: Sie spielt eine entscheidende Rolle für das Wetter Vorwiegend besteht sie aus Stickstoff (etwa 78 Prozent) und zu etwa 21 Prozent aus Sauerstoff, der Rest setzt sich zusammen aus sogenannten Spurengasen wie Argon, Kohlendioxid und Wasserdampf. Diese Gase bilden ein komplexes Gemisch, in dem sich alle uns bekannten Wetterphänomene wie zum Beispiel Regen oder Sturm abspielen.

Und wer gibt den Startschuss für das Wetter? Die Sonne. Sie sendet kontinuierlich elektromagnetische Strahlung aus, die zunächst die Atmosphäre und dann die Erdoberfläche erreicht. Ein Teil dieser Strahlung wird von der Erdoberfläche absorbiert, wodurch sich die Erdoberfläche erwärmt. Diese gibt wiederum Wärme an die Luft ab – und die Lufttemperatur der erdnahen Schichten steigt. Dadurch entstehen thermisch induzierte Bewegungen wie zum Beispiel Auf- und Abwinde, die wiederum unter anderem für die Entstehung von Wolken und Niederschlag verantwortlich sind. Wichtig hierbei: Die Erwärmung der Erdoberfläche ist nicht gleichmäßig, sondern allein schon aufgrund von Tag und Nacht unterschiedlich stark. Auch Wasser und Land, Eis und Wälder, Wüsten und Moore erwärmen sich nicht gleich stark – und all diese Unterschiede tragen dazu bei, dass das Wetter vor allen Dingen eines ist: komplex.

Der Wasserkreislauf ist ein wesentlicher Bestandteil des Wettergeschehens. Die solare Strahlung ist nämlich auch für Verdunstung

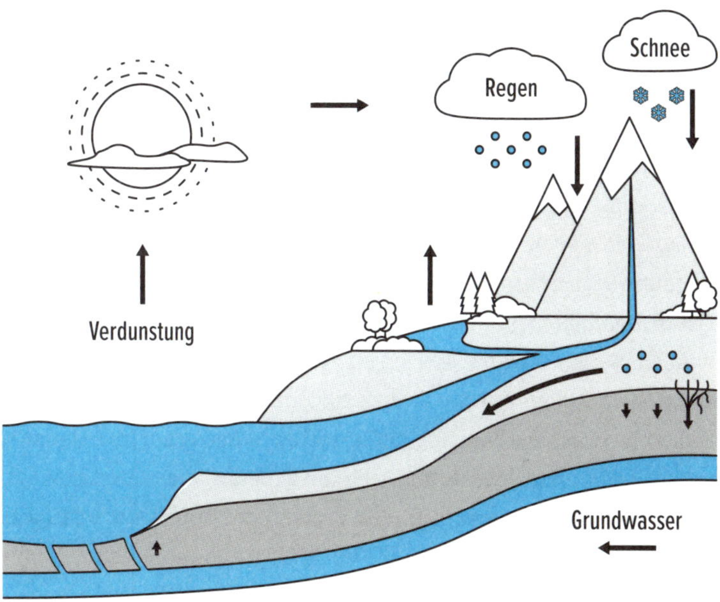

des Wassers der Ozeane, Seen und Flüsse verantwortlich. Der aufsteigende Wasserdampf kondensiert in der Atmosphäre zu winzigen Wassertröpfchen oder Eiskristallen und bildet Wolken. Und wenn diese Tröpfchen oder Kristalle weiter anwachsen, kommt es zu Niederschlag in Form von Regen, Schnee oder Hagel.

Die Luftdruckunterschiede spielen ebenfalls eine wichtige Rolle bei der Entstehung des Wetters. Die Luft über unseren Köpfen lastet förmlich auf unseren Schultern – denn sie hat ein Gewicht und übt deshalb Druck auf die Erdoberfläche aus.

LUFTDRUCK ist die Kraft pro Flächeneinheit, die von der Luft auf eine Oberfläche ausgeübt wird. Er entsteht aufgrund des Gewichts der Luftsäule über der betreffenden Fläche. Der Luftdruck wird in der Einheit Pascal (Pa) gemessen, wobei der durchschnittliche Luftdruck auf Meereshöhe etwa 1013,25 Hektopascal (hPa) oder 1 Atmosphäre (atm) beträgt.

Unterschiede im Luftdruck führen zur Bildung von atmosphärischen Strömungen, die das Wettergeschehen beeinflussen. Diese Strömungen dienen als Ausgleich: So strömt Luft von Gebieten mit hohem Druck zu Gebieten mit niedrigem Druck – ein Wind weht. Die Kombination aus Luftdruckunterschieden und der Corioliskraft – einer Schein- oder auch Trägheitskraft, die auch ablenkende Kraft der Erdrotation genannt wird – führt dann zur Ausbildung von Hoch- und Tiefdruckgebieten.

Auch die Jahreszeiten spielen zumindest in den mittleren Breiten, also den Erdteilen mit gemäßigtem Klima, eine wichtige Rolle. Sie entstehen durch die Neigung der Erdachse in Bezug auf ihre Umlaufbahn um die Sonne: Während sich die Erde um die Sonne bewegt, bleibt ihre Achse geneigt und zeigt immer zum Nordstern, was dazu führt, dass unterschiedliche Teile der Erde zu verschiedenen Zeiten unterschiedliche Mengen an Sonnenlicht erhalten.

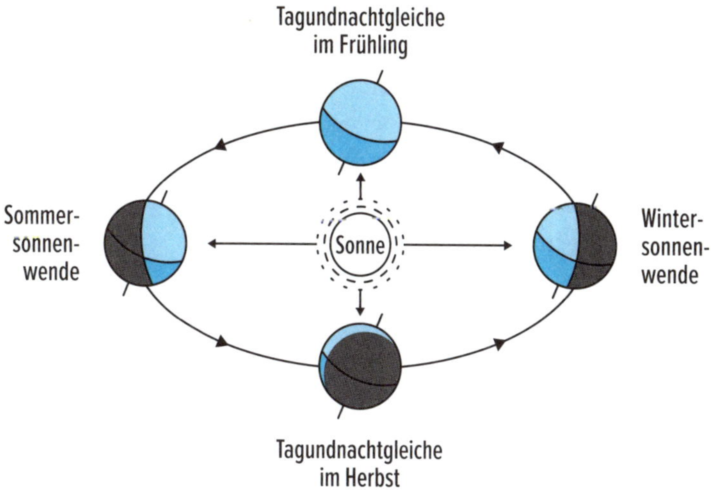

Die zur Sonne geneigte Hemisphäre erhält deutlich mehr direkte Sonnenstrahlung, was zu wärmeren Temperaturen führt: Es ist Sommer. Gleichzeitig ist auf der jeweils anderen Hemisphäre Winter: In den jeweiligen Wintermonaten erreicht dort weniger direktes Sonnenlicht die Erdoberfläche, es ist also kälter. Und so kommt es Jahr für Jahr in den gemäßigten Breiten zu einem Zyklus zwischen Frühling, Sommer, Herbst und Winter. So selbstverständlich der Wechsel zwischen Schneeglöckchen im Winter, den ersten warmen Tagen um Ostern, langen hellen Sommernächten und bunten Blättern und kürzer werdenden Tagen im Herbst erscheint: Es gibt viele Regionen auf der Erde, die diese ausgeprägten Jahreszeiten gar nicht kennen. In Äquatornähe treffen die Sonnenstrahlen das ganze Jahr über mittags nahezu senkrecht auf die Erdoberfläche. Es gibt also in den Tropen, die sich von 23,5 ° nördlicher bis 23,5 ° südlicher Breite erstrecken, keinen deutlichen Wechsel der Jahreszeiten, die Temperaturen sind über das Jahr gesehen vergleichsweise konstant hoch. Tag und Nacht sind ebenfalls das ganze Jahr über nahezu gleich lang. Selbstverständlich gibt es innerhalb eines Jahres - und an verschiedenen Orten - dennoch unterschiedliche klimatische Bedingungen wie variierende Niederschlagsmengen. Diese werden jedoch hauptsächlich durch regionale Einflüsse wie Topografie, vorherrschende Winde oder auch Meeresströmungen bestimmt. Deshalb können sich trotz gleichmäßiger Sonneneinstrahlung sowohl Wüsten und Savannen als auch immerfeuchte tropische Regenwälder entwickeln.

SONNE, MOND UND WETTER

Unser Wetter wird aber längst nicht nur von der Sonne und dem beeinflusst, was auf unserem Planeten stattfindet. Aufgrund der Anziehungskraft zwischen Massen, der Gravitation, beeinflussen sich die Himmelskörper gegenseitig. Die Erde übt eine Anziehungskraft auf den Mond aus und hält ihn so auf seiner Umlaufbahn - umgekehrt hat auch die Masse des Mondes trotz einer Entfernung von etwa 384 400 km einen Einfluss auf die Erde: Die Anziehungskraft des Mondes ist zwar deutlich geringer als die der Erde (denn seine Masse ist 81-mal kleiner), reicht aber aus, um einen auch für uns deutlich spürbaren und sichtbaren Effekt zu erzeugen: die Gezeiten. Je nach Position des Mondes herrscht auf der Erde ungefähr alle 6 Stunden ein Wechsel von Ebbe auf Flut - und umgekehrt. Dabei ist es gerade nicht die Anziehungskraft selbst, die das Wasser bewegt - es ist vielmehr die Gezeitenkraft, eine Kraft, die sich aus dem Gradienten, also der Änderung der Anziehungskraft ergibt: Mond und Erde sind ja keine Punkte, sondern ausgedehnte Körper mit jeweils einem Massenmittelpunkt. Es existiert also ein räumlich variierendes Gravitationsfeld: Je weiter ein Punkt auf der Erde vom Mond entfernt ist, desto geringer ist die Gravitationskraft. Aus den Gezeitenkräften resultieren entsprechend Verformungen im System, die wir auf der

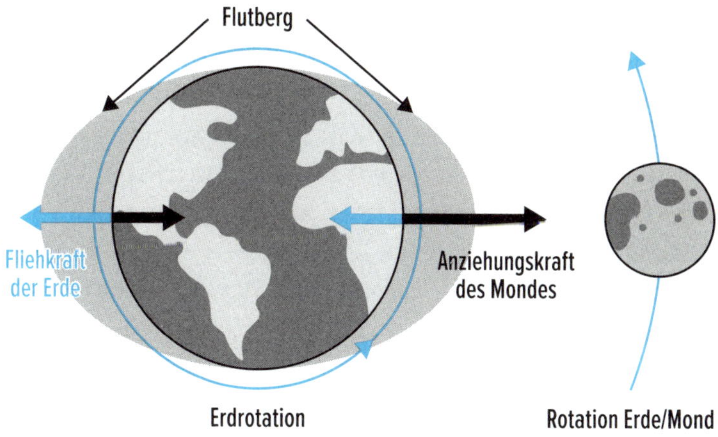

Erde als Ebbe und Flut beobachten können, und zwar gerade in den Bereichen der Erde, die dem Mond nicht direkt zugewandt sind.

Dass es nicht die Anziehungskraft selbst ist, die die Gezeiten auslöst, stellt man auch schnell fest, wenn man bedenkt, dass die Gravitation der Sonne in Bezug auf die Erde 178-mal größer ist als die des Mondes – dafür ist die Gezeitenkraft des Mondes doppelt so groß wie die der Sonne. Auch der Mond ist übrigens entsprechend verformt, denn die Erde wirkt sich ja noch viel stärker auf ihn aus.

Der **MOND** befindet sich in gebundener Rotation um die Erde und bremst die Eigendrehung der Erde um eine Sekunde in ungefähr 50 000 Jahren. Das hört sich nicht nach viel an, aber aufgrund von Drehimpulserhaltung im System Erde-Mond wird der Mond beschleunigt und entfernt sich dadurch langsam, aber stetig mit immerhin 4 cm pro Jahr.Irgendwann ist der Mond so weit entfernt, dass die Schwerkraft der Sonne einen größeren Einfluss bekommen wird als die der Erde – der Mond könnte dann sogar unsere Umlaufbahn verlassen. Allerdings wird das noch einige Milliarden Jahre dauern.[1]

Zurück zum Wetter: Die Gezeiten, auch Tiden genannt, sind ein Bestandteil der ozeanischen Strömungen und haben so natürlich als Teil des Luft-See-Systems auch einen Einfluss auf das Wetter. Das führte im 19. Jahrhundert dazu, dass eine Gruppe von Menschen sich dem sogenannten Lunarismus anschloss. Sie vertraten die Auffassung, der Mond bestimme maßgeblich das Wetter auf der Erde.[2] Tatsächlich gibt es einzelne Zusammenhänge, die sich beobachten lassen. Zum Beispiel zeigen einige Studien, dass die Übergänge zwischen einem El-Niño- und einem La-Niña-Ereignis mit der Gezeitenkraft des Mondes zusammenhängt (diese Ereignisse können sich wiederum massiv auf globale Temperaturen, Niederschläge und tropische Zyklone auswirken, später mehr dazu).[3] Man konnte außerdem beobachten, dass es ungefähr alle neun Jahre zu mittelfristigen Temperaturschwankungen in Verbindung mit extrem starken Tiden kommt.[4] Hier wird vermutet, dass diese zu einer starken vertikalen Durchmischung des Ozeans beitragen und so die Meeresoberfläche deutlich abkühlt, was wiederum zu kälteren Lufttemperaturen führen kann.[5] Sehr ausgeprägt sind diese Effekte aber nicht – und auch mit unserem täglichen Wetter steht der Mond entgegen der Theorie des Lunarismus in keinem spürbaren Zusammenhang.

Dennoch: Langfristig gesehen können wir dem Mond dankbar sein – denn er spielt eine wichtige Rolle bei der Stabilisierung unserer Erdachse. Ohne den Mond würde diese sehr viel unregelmäßiger schwanken, sich womöglich sogar noch weiter neigen und damit größere Temperaturunterschiede zwischen den Jahreszeiten herbeiführen. Der Mond hilft damit also auf (wirklich) lange Sicht, die klimatischen Bedingungen auf der Erde im Vergleich zu anderen Planeten zu stabilisieren.

Der Mond hat seine Finger auch bei den **WOCHENTAGEN** im Spiel: Den Römern waren sieben bewegliche Himmelskörper bekannt, die mit unterschiedlicher Geschwindigkeit vermeintlich um die Erde kreisten: Mond (Montag), Mars (Dienstag ▸▸ Tuesday, nach dem Tag des Tius, der germanische Name des römischen Kriegsgottes Mars), Merkur (Mittwoch ▸▸ Mercoledì auf Italienisch), Jupiter (Donnerstag ▸▸ der Planetengott Jupiter wurde mit dem germanischen Gott des Donners Donar verknüpft), Venus (Freitag ▸▸ Venerdì auf Italienisch), Saturn (Samstag ▸▸ Saturday) und Sonne (Sonntag).[6]

Kommen wir aus dem Weltall zurück zur Erde: Dass wir Menschen uns überhaupt Gedanken über unser Wetter machen können, verdanken wir der Atmosphäre. Diese ist in verschiedene Schichten unterteilt.

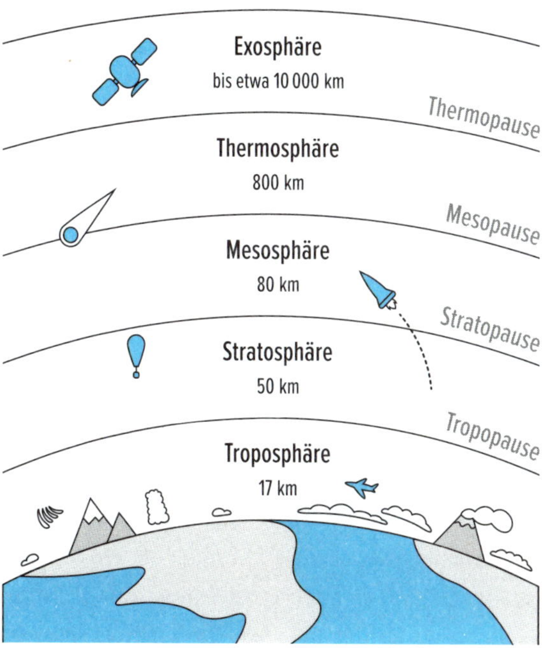

Die Atmosphäre ist nicht nur der physische Raum, in dem sich Wetter abspielt: Sie ist auch essenziell, um überhaupt Leben auf der Erde zu ermöglichen. So enthält sie Treibhausgase wie Wasserdampf, Kohlendioxid, Methan und Lachgas. Jene Gase lassen die kurzwellige solare Einstrahlung, also die Sonnenstrahlung, passieren und zur Erdoberfläche gelangen. Diese wiederum gibt langwellige Wärmestrahlung zurück in die Atmosphäre, wo sie jedoch teilweise von besagten Gasen absorbiert wird. Dadurch wird ein Teil der Wärme in der Atmosphäre zurückgehalten, und die Durchschnittstemperatur der Erde erhöht sich. Dieser Effekt ähnelt dem Prinzip eines Treibhauses und wird deshalb als der Treibhauseffekt bezeichnet. Davon dürften die meisten schon einmal gehört haben. Seit einigen Jahrzehnten besteht allerdings die Notwendigkeit, hierbei zwischen natürlichem und anthropogenem, also menschengemachtem, Treibhauseffekt zu unterscheiden: Denn wir haben durch die Verbrennung fossiler Brennstoffe den Gehalt an Treibhausgasen in der Atmosphäre so stark erhöht, dass der Treibhauseffekt verstärkt wurde und zu einem Anstieg der globalen Mitteltemperatur geführt hat – und weiter führen wird. Resultat: der menschengemachte Klimawandel.

ERST WETTER, DANN KLIMA

Aber bevor man den Klimawandel versteht: Wie hängen Wetter und Klima überhaupt zusammen?

Wetter, das ist der Zustand der untersten Schicht der Atmosphäre zu einer bestimmten Zeit und an einem bestimmten Ort – also zum Beispiel heute Abend, wenn ich mit dem Hund in den Wald gehe. Es lässt sich beobachten und beschreiben als ein Zusammenspiel aus verschiedenen Variablen wie etwa Temperatur, Luftdruck, Windstärke und -richtung, Luftfeuchte, Strahlung, Niederschlagsform und

-menge. Auch Wolken und optische Erscheinungen gehören zum Wetter. Wer schon einmal von einem Gewitter überrascht wurde, weiß: Das Wetter kann in kürzester Zeit umschlagen. Oder auch andersherum: Der Nachbar zwei Straßen weiter wundert sich am Telefon, warum ich mich über den Regen freue, während er sich beklagt, dass sein Hochbeet den Schauer nicht abbekommen hat. Spielt sich ähnliches Wetter über größeren Gebieten und innerhalb mehrerer Tage ab, spricht man von Großwetterlagen. Insgesamt ist das Wetter in Raum und Zeit extrem variabel und nur für wenige Tage gut vorhersagbar.

Neben dem Wetter gibt es aber auch noch die Witterung: Hier geht es nicht mehr um kurzfristig beobachtbare Zustände, sondern bereits um erste gemittelte Betrachtungen, also Analysen des Wetters über Raum und Zeit, die uns Aussagen zur Charakteristik des Wetters in einem Gebiet ermöglichen. Gemittelt wird hier über kürzere Zeiträume von Tagen und Wochen bis hin zu einer Jahreszeit über einer Region wie zum Beispiel der Pfalz oder Mitteleuropa. Der Begriff der Witterung ermöglicht uns, sofort zu wissen, was gemeint ist, wenn es in der Vorhersage heißt: Altweibersommer. Über Mitteleuropa kommt es nämlich gehäuft im frühen Herbst, also zwischen Mitte September und Anfang Oktober, zu einer andauernden Hochdrucklage. Wer schon ein paar Altweibersommer erlebt hat, braucht dann auch nicht viel Erklärung, um zu wissen, dass damit sommerliche Temperaturen am Tag zu erwarten sind und man für die zu dieser Witterung gehörenden kühleren Nächte vielleicht doch eine Jacke mitnimmt.

Kommen wir zum Klima: Dabei geht es nämlich um die statistische Beschreibung der Wettervariablen, die den mittleren Zustand der Atmosphäre an einem bestimmten Ort oder in einem Gebiet charakterisieren. In einem Klimadiagramm kann man zum Beispiel das Klima an unterschiedlichen Orten vergleichen. Heute lassen sich Klimadiagramme von diversen Dienstleistern für nahezu jeden Ort der Welt er-

KLIMADIAGRAMM DER STADT HÜCKELHOVEN[7]

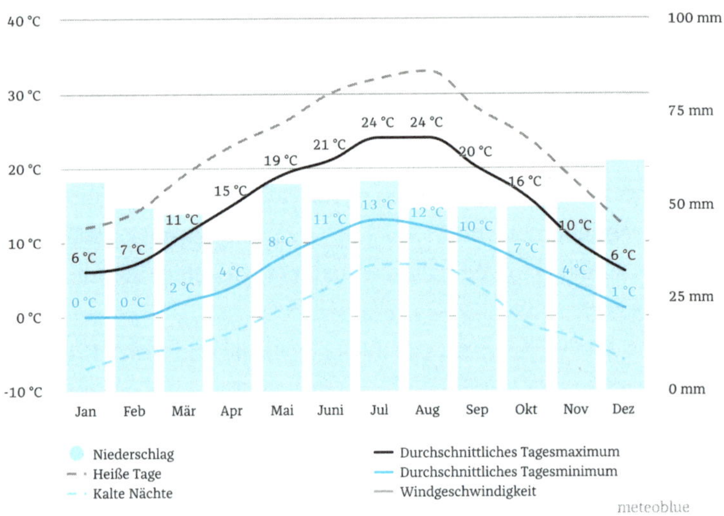

stellen – vorausgesetzt, es gibt in der Nähe eine Wetterstation mit Beobachtungsdaten oder zumindest entsprechende Simulationen.

Klimadiagramme enthalten meist Angaben zu Durchschnittswerten von meteorologischen Variablen wie Temperatur und Niederschlag, aber auch Angaben zu Windstärke und -richtung, Sonnenstunden und Anzahl der Tage mit Schnee oder Regen geben Auskunft über das Klima an einem Ort. Als Beispiel sind die durchschnittlichen Temperaturen (Tagesmaximum T_{max} und Tagesminimum T_{min}) und Niederschläge der Stadt Hückelhoven für jeden Monat im Klimadiagramm zu sehen. Die Diagramme basieren entweder auf tatsächlichen Wetterdaten oder werden mithilfe von Simulationen erstellt. In jedem Fall werden Datenreihen von mindestens 30 Jahren für die Berechnung der statistischen Mittel herangezogen, meist nutzt man hierfür die von der Weltorganisation für Meteorologie (WMO) festgelegte Referenzperiode von 1961 bis 1990. »Heiße Tage« sind also die Durchschnittswerte der 30 heißesten Tage des jeweiligen Monats.

Umgekehrt sieht man, dass die Tagesminimumtemperatur Tmin im Monatsdurchschnitt nie unter 0 °C liegt, es aber natürlich einzelne Tage mit Temperaturen unterhalb des Gefrierpunkts geben kann. Es ist also wahrscheinlich, über den Tag verteilt Temperaturen zwischen den zwei gestrichelten Linien für »Kalte Nächte« und »Heiße Tage« aufzufinden, zu erwarten sind aber eher Temperaturen in der Nähe der jeweiligen Durchschnittswerte für T_{max} und T_{min}.

Hückelhoven ist eine kleine Stadt in Nordrhein-Westfalen und liegt – wie auch ganz Deutschland – in der gemäßigten Klimazone. Menschen, die in dieser Zone groß geworden sind, sind vertraut mit den vier Jahreszeiten, die sich insbesondere in der jährlichen Schwankung der Temperatur widerspiegeln, und relativ konstant über das Jahr verteilten Niederschlägen bei einer jährlichen Niederschlagssumme von etwa 800+ mm.

DAS KLIMASYSTEM UND SEINE BESTANDTEILE

Zum Klimasystem gehören neben der Atmosphäre noch andere Bestandteile, auch Kompartimente genannt, die alle in Wechselwirkung miteinander stehen:

- **HYDROSPHÄRE**: Die Hydrosphäre bezieht sich auf den Wasseranteil auf der Erde – insgesamt sind etwa 71 Prozent der Erdoberfläche mit Wasser bedeckt. Sie umfasst demnach alle Gewässer der Erde, einschließlich Ozeane, Meere, Flüsse, Seen und Grundwasser. Eine besonders wichtige Eigenschaft der Hydrosphäre ist die Wärmespeicherkapazität, also die Fähigkeit eines Stoffes, Wärmeenergie aufzunehmen und zu speichern. Im Vergleich zur Atmosphäre haben Ozeane eine viel höhere Wärmespeicherkapazität, was bedeutet, dass sie große Mengen an Wärme absorbieren können und dabei die Wassertemperatur nur langsam steigt. Ein einfaches Experiment hierzu: Man nehme zwei Luftballons und fülle einen davon mit etwas Wasser. Hält man beide Luftballons über eine Kerze, platzt der nur mit Luft gefüllte Ballon – im zweiten Ballon speichert das Wasser die Hitze der Kerze. Durch die Aufnahme großer Mengen an Wärmeenergie beeinflussen besonders Ozeane also das Klima, indem sie als Wärmespeicher wirken. Ebenso wird Wärme über Meeresströmungen wie zum Beispiel den Golfstrom verteilt.

- **KRYOSPHÄRE**: alles feste und demnach gefrorene Wasser auf der Erde, also Schnee und Eis in allen Formen – Gletscher, Eiskappen, Eis auf Flüssen und Seen, Meereis, Eisschilde. Auch Permafrost zählt zur Kryosphäre. Die Kryosphäre reagiert auf Änderungen in Temperatur und Niederschlag und wird deshalb oft auch als unser Klimathermometer bezeichnet. Insbesondere die Bilder schnell schmelzender Gletscher der letzten Jahre zeigen eindrücklich, wie sehr sich das Klima in kurzer Zeit geändert hat. Gleichzeitig ist das Reflexionsvermögen von Eis und Schnee, ausgedrückt durch die Albedo, maßgeblich für die Energiebilanz unserer Erde – und großflächige Veränderungen in der Kryosphäre können zu empfindlichen Feedbackzyklen führen. Schmelzen große Flächen von Eis, taucht darunter Land- oder Wasseroberfläche auf, die aufgrund der wesentlich geringeren Albedo bis zu 80–90 Prozent der einfallenden Sonnenstrahlen absorbieren – es wird also weniger solare Strahlung reflektiert und mehr Strahlung absorbiert. So kann sich die Luft- oder Wassertemperatur erhöhen und umliegend zu noch stärkerer Schmelze führen – und so weiter.
- **BIOSPHÄRE**: Auch zwischen Vegetation und Atmosphäre findet eine ganze Reihe von Wechselwirkungen und Austauschprozessen statt; besonders wichtig sind hier die verschiedenen Flüsse von Wärme und Masse. So werden nicht nur Energie, sondern auch Spurenstoffe wie Kohlendioxid oder Methan ausgetauscht. Pflanzen setzen außerdem Pollen frei, deren Verbreitung über den Wind zwar wichtig für verschiedene ökologische Prozesse ist, aber je nach Jahreszeit und Wetterlage zu einer mehr oder weniger star-

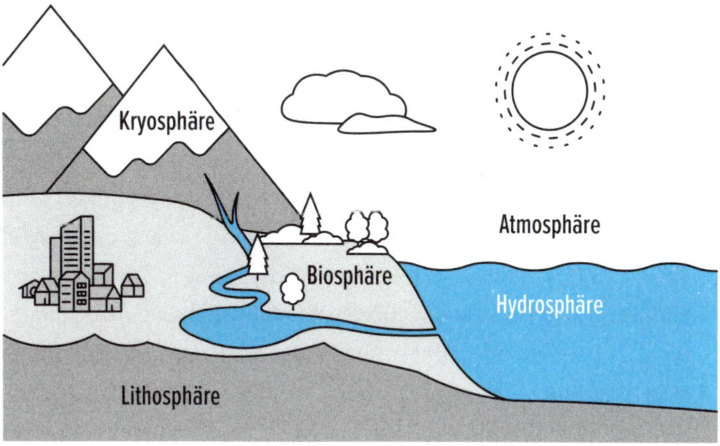

ken Belastung für so manche Atemwege werden kann. Umgekehrt beeinflussen Pflanzen auch das Wetter: Ein großes bepflanztes Feld erzeugt Luftwiderstand und Turbulenzen. Auch Wälder sind ein wichtiger Bestandteil des Erdsystems: Zum einen wird im Wald Kohlenstoff als sogenannte Biomasse gespeichert und so dem Kohlenstoffkreislauf in der Atmosphäre erst einmal entzogen – Wälder sind also eine hervorragende CO_2-Senke. Zum anderen haben Bäume und Wälder einen direkten Einfluss auf die thermischen Bedingungen vor Ort: Besonders in der Stadt merkt man den Kühlungseffekt von Bäumen sehr schnell. Durch die Verdunstung über ihre Blätter wird der Luft Energie entzogen, und sie kühlt ab – und dafür muss der Baum nicht mal mehr lebendig sein. Selbst ein toter Baumstamm bietet nicht nur Lebensraum für Mikroorganismen, sondern senkt auch die Umgebungstemperatur um bis zu 2 °C.

- **LITHOSPHÄRE**: die äußerste Schicht der festen Erdkruste. Sie erstreckt sich von der Oberfläche bis in eine Tiefe von etwa 80–200 km. Dabei schwimmt die aus mehreren tektonischen Platten

> zusammengesetzte Lithosphäre auf der darunterliegenden Schicht, der Asthenosphäre. Diese Bewegungen führen wiederum zur Bildung von Gebirgen, Tälern und Meeresbecken und beeinflussen so die Meeresströmungen, die Verteilung von Landmassen und damit auch die geographische Verteilung von Klimazonen. Auch vulkanische Aktivitäten finden sich in der Lithosphäre: Hierdurch können große Mengen an Gasen und Partikeln wie zum Beispiel Wasserstoff, Kohlendioxid, Schwefeldioxid und Asche freigesetzt werden. Diese Emissionen können das Klima beeinflussen, indem sie die Sonneneinstrahlung blockieren und dadurch kurzfristig eine Abkühlung verursachen, oder aber den Treibhauseffekt verstärken. Auch Gesteine und Boden haben wichtige Funktionen bei der Speicherung von Kohlenstoff und Wasser. Während Gesteine Kohlenstoff in Form von Karbonaten und organischen Materialien enthalten, tragen Böden durch den Prozess der Verdunstung und Transpiration zur Feuchtigkeitsversorgung der Atmosphäre bei.

Wenn wir also von Klima sprechen, geht es um etwas, das wir so direkt gar nicht beobachten sondern um einen Zustand verschiedener Kompartimente, den wir vielmehr rechnerisch begreifen können. Gleichzeitig gibt es viele Möglichkeiten, mithilfe von Zeitreihen und Datensätzen ein Verständnis dafür zu bekommen, dass und wie sich das Klima wandelt.

Und auch beim Wetter spielen die verschiedenen Kompartimente eine wichtige Rolle. Als meine zweite Tochter vier Monate alt war, genoss ich im Herbst 2013 die letzten Wochen Elternzeit, bevor ich mich wieder langsam und in Teilzeit meiner Promotion widmen wollte. Spät am Abend ploppte plötzlich eine E-Mail auf: Mein Professor fragte mich, ob ich nicht eine Vollzeitstelle als wissenschaftliche Koordinatorin antreten wolle. Eine Stelle, die es meistens erst nach der Promotion gibt. Und es wäre doch schön, wenn ich diese bis

Ende des Jahres fertigstellen könnte, das sei quasi Bedingung.* Wissenschaftliche Koordinatorin – das war eine Stelle, die ich in meinem Fünfjahresplan als Ziel anvisiert hatte, denn dort erhält man Einblicke in unterschiedlichste wissenschaftliche Themen. In diesem Fall ging es in einem Sonderforschungsbereich mit 26 Projekten darum, skalenübergreifend Muster in der Atmosphäre, aber auch den anderen Kompartimenten zu erkennen. Denn, das wurde mir spätestens mit Antritt dieser Stelle klar, das Wetter kann man nicht isoliert betrachten. Boden, Vegetation, Grundwasser und Atmosphäre hängen unmittelbar zusammen, beeinflussen sich gegenseitig – und das gilt nicht nur an Land, sondern auch für den Ozean, für Gletscher und für Eisschilde.

EIN REGENTROPFEN AUF REISEN

Wasser zirkuliert zwischen diesen Kompartimenten durch Verdunstung, Niederschlag, Abfluss und andere Prozesse. Stellen wir uns vor, in der Atmosphäre befindet sich genau ein Regentropfen. Wenn dieser mit freier Bahn Richtung Erde fällt, können unterschiedliche Dinge passieren: Je nach Beschaffenheit der Erdoberfläche kann er abhängig von der Temperatur gefrieren oder dort verbleiben, bis er wieder verdunstet, um dann zu einem späteren Zeitpunkt erneut zu kondensieren und die Reise ein weiteres Mal anzutreten. Oder aber der Tropfen macht sich auf den Weg Richtung Ozean: Hier gibt es als grobe Routeneinteilung zunächst den Oberflächenabfluss auf der Erdoberfläche. Über das nächstgelegene Rinnsal mit Zwischenstopp in Bach und Fluss gelangt der Tropfen schlussendlich ins Meer.

Oder aber er wählt die lange Route und sickert zunächst in den Boden. Die Fähigkeit des Bodens, Wasser aufzunehmen, hängt von verschiedenen Faktoren ab, wie zum Beispiel Bodenart, Bodenstruk-

* Konnte ich nicht.

tur und Bodendichte. Böden wie Sande oder Kiese sind gut durchlässig und können größere Mengen an Wasser aufnehmen während dichte, tonige Böden weniger Wasser durchlassen.

Sobald das Wasser in den Boden eingedrungen ist, kann es entweder als Bodenfeuchte gespeichert werden oder weiter in tiefere Bodenschichten infiltrieren, bis es das Grundwasser erreicht. Das gespeicherte Wasser in den oberen Bodenschichten kann wiederum von Pflanzenwurzeln aufgenommen und so von den Pflanzen für ihre Photosynthese und ihr Wachstum verwendet werden. Wenn der Boden gesättigt ist und nicht mehr Wasser aufnehmen kann, kann überschüssiges Wasser oberflächlich abfließen.

Manchmal jedoch ist etwas im Weg, zum Beispiel Vegetation in Form von Pflanzen oder Bäumen. Kommt der Tropfen auf einem Blatt auf und bleibt zunächst dort, so nennt man das Interzeption. Über die Transpiration, also Verdunstung, können Pflanzen über ihre Wurzeln Wasser aus dem Boden in die Atmosphäre abgeben.

Theoretisch würde es ausreichen, genau zu wissen, was mit jedem einzelnen Tropfen passiert, um ein umfassendes Verständnis unseres Wasserkreislaufs zu erhalten oder mithilfe eines **MODELLS** Vorhersagen zu treffen. Man stelle sich vor, jeder Tropfen wäre mit einer Blockchain versehen, um so eindeutig ein umfassendes Verständnis unseres Wasserkreislaufs zu erhalten! Wisst ihr, wie viele Tropfen fallen? Selbst wenn man genau wüsste, wo sich jeder Wassertropfen auf der Welt in der Atmosphäre in diesem Moment befindet: Es sind einfach zu viele. Je nach Wolkenart finden sich zwischen 50 und 450 Tropfen pro Kubikzentimeter – bei einer Wolkendicke von 50 bis 1000 m und einer globalen Bewölkung von 40 Prozent kommt man damit auf knapp 10^25 Wassertropfen nur in den Wolken – das sind ungefähr so viele wie es Sterne im Universum gibt. Ein Regentropfen besteht wiederum aus bis zu 8000 Wolkentropfen (Tropfenradius < 50 µm). Selbst wenn sich der gesamte Weg eines Tropfens mithilfe von Supercomputern in 1 Sekunde simulieren lassen würde, kommt man bei dieser Menge an Tropfen auf eine Simulationsdauer von insgesamt 600 Milliarden Jahren – zum Vergleich, das Universum ist noch keine 14 Milliarden Jahre alt.[8, 9]

Diese Schwierigkeit besteht auch bei Wettermodellen, wo es ja um viel mehr als nur einzelne Tropfen geht: Auch Temperatur, Druck und Dichte sind wichtige Parameter, die ich an vielen Stellen und so genau wie möglich beobachten muss, um ein Verständnis vom aktuellen Wettergeschehen zu haben.

Deshalb betrachtet man wichtige Prozesse wie zum Beispiel hydrologischen Abfluss auf verschiedenen Skalen und probiert, wiederkehrende Muster zu finden, die man dann als vereinfachte Parametrisierungen in den Modellen einbauen kann.

Als wäre das alles nicht schon kompliziert genug, sind Erdoberfläche, Bodenbeschaffenheit und Wassertropfen nicht losgelöst von Flora und Fauna: Blumen wachsen, Felder werden bewirtschaftet, insgesamt schätzt man etwa 1,8 Millionen Arten, die alle Wasser benötigen. All dies in Modellen zu berücksichtigen ist eine komplexe und langwierige Aufgabe, an der Tausende von Wissenschaftlerinnen und Wissenschaftler arbeiten.

KLIMADIAGRAMME – EIN RATESPIEL
WELCHER ORT IST WOHL GEMEINT?

[1]

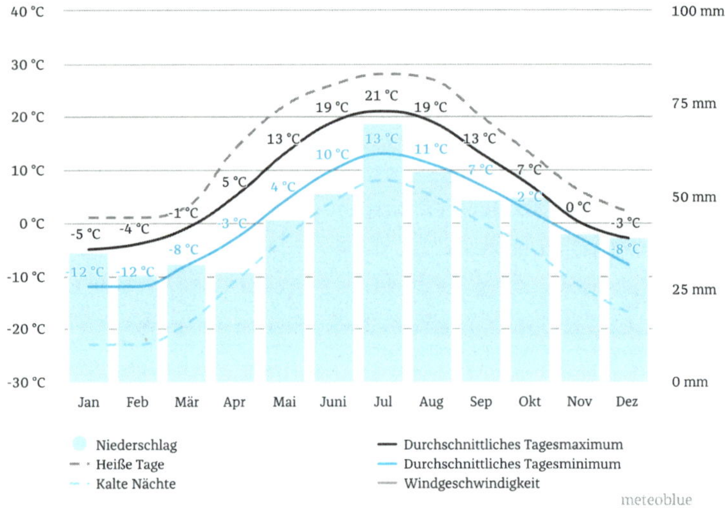

[2]

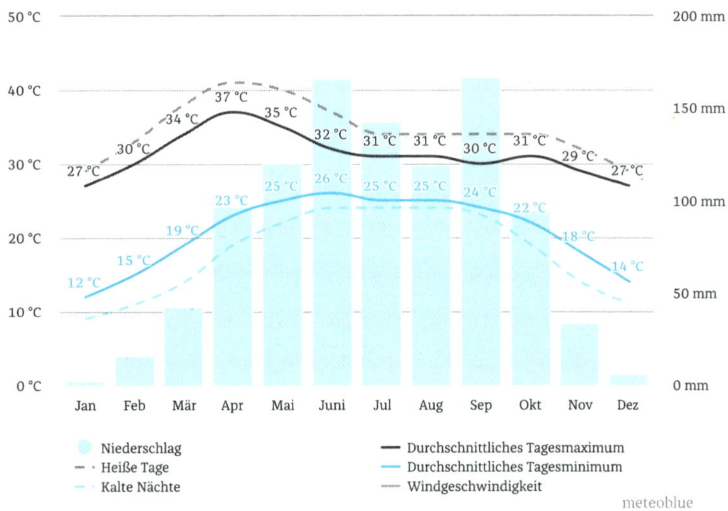

[3]

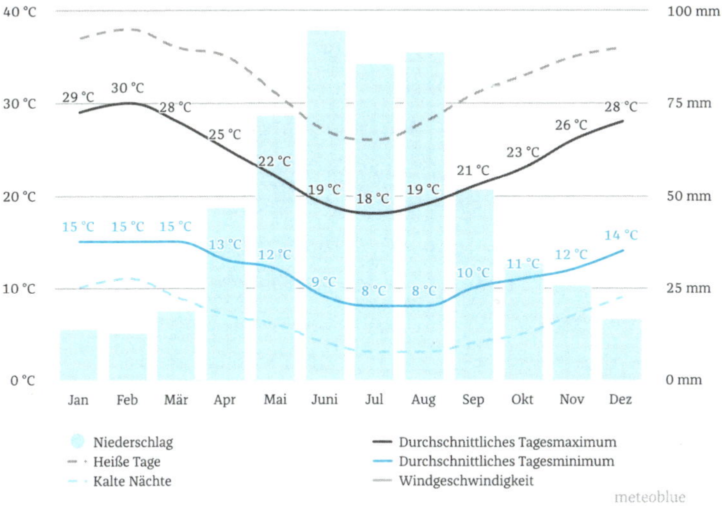

[4]

ACHTUNG: Komplexes Gelände. Die berechneten Werte sind gültig für 806 m. Erwartete Temperaturdifferenz: 6.8 °C.

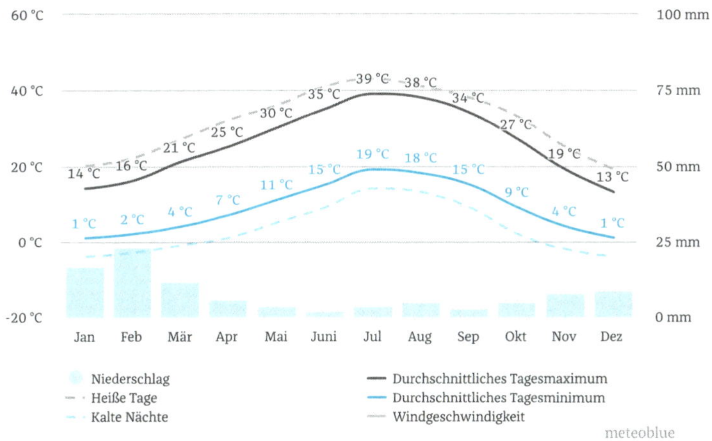

Auflösung: [1] Oulu, Finnland [2] Dhaka, Bangladesch [3] Kapstadt, Südafrika (Südhalbkugel) [4] Death Valley, USA

WURMLÖCHER MAL ANDERS

Als untere Begrenzung der Atmosphäre hat die Erdoberfläche im Erdsystem eine wichtige Funktion. Als Trennfläche zwischen Boden und Atmosphäre dient sie als Splitter: Sie teilt nämlich grob gesagt den herabfallenden Niederschlag in Wasser, das an der Oberfläche abfließt, und solches, das in den Untergrund abfließt, also infiltriert.

Hierbei spielen sich verschiedene Prozesse ab. Lange verstand man das Versickern des Wassers im Boden als einen Prozess, der durch kapillare Kräfte gesteuert werde. Das kann man sich gut wie einen Kaffeefilter vorstellen, in den man langsam und gleichmäßig Wasser hineingießt, das sich dann ebenso langsam und gemächlich den Weg durch das Kaffeepulver in die Kaffeekanne sucht – köstlicher Kaffee im Anmarsch.

Diese Vorstellung stimmt aber nicht: Denn natürlich befinden sich im Erdboden auch Hohlräume, sogenannte Poren – und gerade die gröberen, die Makroporen, spielen hier eine wichtige Rolle. Sie verändern nämlich das Einsickern von Wasser in den Boden ganz gewaltig: Dazu einfach im Kaffeefilter ein Loch in das Pulver bohren, und schon hat man keinen leckeren Kaffee, sondern mit ein bisschen Glück braunes Wasser mit Kaffeegeschmack. Das Wasser sucht sich nämlich grundsätzlich den Weg des geringsten Widerstands, das nennt man einen präferenziellen Fließweg oder *preferential flow*. Und hierfür sind solche nicht kapillare Poren wie die Löcher im Schweizer Käse: Sicher kann ich auch einen Camembert mit Wasser begießen und nach genug Zeit feststellen, dass er etwas davon aufgenommen hat. Aber bei einem Emmentaler bahnt sich das Wasser sofort seinen Weg durch den Käse – so reibungsfrei wie möglich. Im Erdreich stellen diese Makroporen eine Autobahn in die tieferen Erdschichten dar und bringen das Wasser so in Schichten, bei denen kapillare Kräfte nicht mehr der Schwerkraft entgegenwirken können.[10] Um diesen gravitationsgetriebenen Fluss des geringsten Widerstands zu beschreiben, benötigt man ganz andere Gleichungen als für den kapillaren Fall.

Und was bewirken diese Poren noch? Die Beschaffenheit der Oberfläche spielt eine wichtige Rolle bei der Frage, wie viel Wasser der Boden aufnehmen kann. Eine versiegelte Fläche muss den kompletten Niederschlag abtransportieren, gleichzeitig gilt: Je durchlässiger der Boden ist, desto größer ist seine Infiltrationskapazität. Mehr Makroporen erleichtern das Eindringen von Wasser in den Boden und verringern so den Oberflächenabfluss, sie sind also gut für lokalen Hochwasserschutz und können gleichzeitig helfen, Erosion vorzubeugen. Bei starkem Oberflächenabfluss werden oftmals Teile von fruchtbarem Mutter- oder Ackerboden fortgespült. Dieser Sedimenttransport kann verringert werden, wenn der Boden eine größere Menge von Niederschlag aufnehmen kann. Gleichzeitig sind die oberen Erdschichten so feuchter und besser gegen landwirtschaftliche Dürren gewappnet.

Ähnlich dem Wasserkreislauf haben auch Sedimente einen Kreislauf: Aufgrund von Plattentektonik werden Berge nach oben geschoben. Dort finden viele weitere geomorphologische Prozesse statt, zum Beispiel polieren Gletscher durch ihre Bewegung förmlich die unter ihnen liegenden Flächen. Auch Schmelzwasser kann zu Erosion führen, Material zerkleinern und so Sedimente erzeugen, die wiederum in Flüsse gespült und durch diese ins Meer transportiert werden – das ist eine sehr vereinfachte Variante des Sedimentkreislaufs. Wird der Fluss auf dem Weg zum Meer gestaut – zum Beispiel an einer Talsperre –, ist die Fließgeschwindigkeit plötzlich viel geringer, und die im Fluss enthaltenen Schwebstoffe können sich dadurch am Boden vor der Staufläche absetzen. Stellen wir uns das wieder mithilfe unseres morgendlichen Kaffees vor: Je mehr Sedimente erodiert werden, desto mehr Kaffeesatz finden wir am Boden des Staubeckens. Dies reduziert die Speicherkapazität des Staubeckens, ein unerwünschter Effekt. Denn meist ist das Reservoir ja aus gutem

Grund gebaut, zum Beispiel für die Trinkwasserversorgung oder zur Erzeugung von Energie.

Hilfe verspricht hier die Stauraumspülung in der Talsperre: Durch das Öffnen des Grundablasses, des Badewannenstöpsels jeder Staumauer, versucht man, die abgesetzten Sedimente hinauszuspülen und so das Speichervolumen des Reservoirs wieder zu vergrößern.

Ganz schön viel Aufwand – und ohne Makroporen müsste der Stöpsel an Talsperren womöglich noch weitaus öfter gezogen werden. Halten wir also fest: Mehr Löcher im Boden sind nicht nur gut für den Hochwasserschutz, sondern ermöglichen auch eine verbesserte Infiltration des Bodens und weniger Oberflächenabfluss, der potenziell zu Erosion führt. Bleibt die Frage, wie die Löcher in den Boden kommen. Auf der einen Seite natürlich durch das Wurzelwachstum von Pflanzen: Selbst wenn die Wurzel noch wächst, gibt es entlang des Wurzelraums freien Raum, der Wasser aufnehmen und leiten kann – das nennt sich *funneling*. Auch wenn sich Wurzeln zurückbilden oder beispielsweise durch die Ernte entfernt werden, entstehen hier Makroporen. Es gibt aber noch einen weiteren, sehr aufwendigen technischen Prozess, der den Boden dabei unterstützen kann, wieder mehr Wasser aufzunehmen. Dieser wird vorangetrieben von Tausenden von hochspezialisierten Fachkräften: Regenwürmern. Durchaus anerkennend als Ökosystemingenieure bezeichnet sind sie gemeinsam mit Wurzelwachstum und den daraus entstehenden Wurzelgängen für die unterirdischen Wasserstraßen verantwortlich – und das weltweit.

Auch wenn der **REGENWURM** eine so wichtige Rolle im Erdsystem spielt, so ganz versteht man ihn noch nicht. Wieso kommen Regenwürmer eigentlich bei Regen an die Oberfläche? Ertrinken können sie tatsächlich nicht. Eventuell ist es aufgrund der hohen Luftfeuchte ein guter Zeitpunkt für den Regenwurm weiterzuziehen – bis zu 9 m pro Nacht können die wenige

Zentimeter langen Tiere zurücklegen. Oder aber die Vibrationen des Regens fühlen sich an wie die Vibrationen, die der Maulwurf, ein natürlicher Feind der Regenwürmer, erzeugt, wenn er sich durch den Boden auf der Suche nach Mittagessen herangräbt: also schnell nach oben an die Erdoberfläche, wo man in Sicherheit wurmen kann? Bei manchen Wurmarten wiederum vermutet man, dass die Regenphasen zur Paarung genutzt werden. In jedem Fall: Aktenzeichen W … ungelöst.

Um besser zu verstehen, welche Regenwürmer wo genau für wasserfreundliche Wurmlöcher verantwortlich sind, wurden in einer wissenschaftlichen Untersuchung in einem kleinen deutschen Gebiet an 118 Stellen Regenwürmer aus 18 verschiedenen Arten gesammelt und deren Lebensräume in einer Übersichtskarte dargestellt. Man wollte so herausfinden, unter welchen Bedingungen sich Regenwürmer gerne ansiedeln und wo auf keinen Fall mit Wurmlöchern zu rechnen ist. Mögliche Faktoren, die das Vorkommen beeinflussen könnten, sind zum Beispiel der Jahresniederschlag, die Bewirtschaftung der Fläche – als Grünland oder als Acker – oder ob der Boden konservierend bearbeitet oder regelmäßig umgepflügt wird.[11]

Unterschieden werden Regenwürmer in drei funktionelle Kategorien, die sich grundsätzlich an verschiedenen Orten im Bodensystem aufhalten: Epigäische Würmer wohnen in der Streu, also der organischen Bodenauflage aus Laub und Gräsern oberhalb des Bodens; endogäische Würmer graben vorzugsweise horizontal im Bereich des Oberbodens und lockern diesen auf. Und anektische Regenwürmer sind die tief grabenden Würmer, die bis zu 2–3 m komplexe Gangstrukturen in die Tiefe bauen – vorzugsweise senkrecht. Teilweise sind diese so stabil, dass sie bereits Jahrzehnte alt sind – in einigen Wurmlöchern hat man sogar mit Cäsium 38 angereichertes Wasser gefunden, es stammt vermutlich aus der Zeit der Tschernobyl-Katastrophe.

Und was mögen Regenwürmer nicht? Abschließend ist die Frage noch nicht geklärt, aber klar ist: Sie benötigen eine mittlere bis hohe Bodenfeuchte und finden sich seltener an Stellen, die häufig gepflügt und an denen Pestizide vermehrt eingesetzt werden.[12] Klingt einleuchtend: Manchmal sind wissenschaftliche Erkenntnisse wenig überraschend, aber wichtig, um so mit Sicherheit sagen zu können, wie man einem Fachkräftemangel bei Ökosystemingenieuren vorbeugen kann.

Wann hat es eigentlich zum ersten Mal geregnet?

Ich gebe zu, die Frage, wann es auf der Erde zum ersten Mal geregnet hat, habe ich mir erst im Zuge der Recherche für dieses Buch gestellt. Aber man lernt nie aus, und einmal gestellt hat mich die Frage dann auch nicht mehr losgelassen. Damit es überhaupt regnen kann, benötigt es erst einmal Wasser. Aber woher stammt eigentlich das Wasser auf unserer Erde? Und wie kam es dann zum ersten Regen, welche Art von Regen war es, und was wissen wir noch über das Wetter der ersten Millionen von Jahren?

VOM URSPRUNG DES WASSERS

Schon für die erste Frage gibt es verschiedene Antwortmöglichkeiten: Klar ist, dass das Wasser nicht nur über einen Weg auf den Planeten gekommen ist, es hat verschiedene Ursprünge. Aber welchen Anteil die jeweiligen Wasserquellen haben, ist noch unklar und wird noch erforscht. Wassermoleküle (H_2O) haben sich unter anderem in interstellaren Gaswolken durch die chemische Verbindung von Wasserstoffmolekülen und sauerstoffhaltigen Molekülen wie Kohlenmonoxid gebildet – lange, bevor unser Sonnensystem entstand.

Im Universum lassen sich fünf verschiedene Vorkommen von Wasser unterscheiden: Wir finden es als Wasserdampf, in flüssiger Form, als Eis, als Kristallwasser und sogar als etwas, das überkritisches Wasser heißt.

Kristallwasser ist in Mineralien enthalten, in sogenannten Hydraten. Hier sind die Wassermoleküle entweder direkt in die Gitterstruktur der Mineralien eingebunden (»beteiligt«) oder frei beweglich (»nicht beteiligt«) und können zum Beispiel durch Prozesse wie Erhitzen wieder freigesetzt werden. Und wo finden sich solche Hydrate? Auf Kometen und Asteroiden – Letztere werden zu Meteoriten, sobald sie auf der Erde aufkommen. Wenn diese Meteoriten vermehrt auf der Erde einschlugen, wie vor ungefähr 4 Milliarden Jahren während einer Phase, die bezeichnenderweise *Late Heavy Bombardment* heißt, dann könnte auf diese Weise Wasser gebunden in Mineralien direkt auf die Erde gelangt sein.

Es ist sogar sehr wahrscheinlich, dass ein Teil unseres Wassers über diesen interstellaren Express zu uns gekommen ist. Aber die Mengen an Wasser auf unserer Erde lassen sich so nicht ausschließlich erklären. Eine weitere Ursprungsquelle von Wasser ist die Urgaswolke selbst, also die Gaswolke, aus der unser Sonnensystem entstand. Wasser aus Gaswolken, ist das möglich? Tatsächlich wurde dieser Prozess kürzlich im Team um den Astronomen John Tobin unter Verwendung des »Atacama Large Millimeter/submillimeter Array«-Teleskops (ALMA) in Chile beim Stern V883 Orionis beobachtet. 1300 Lichtjahre entfernt ist dieser Stern von einer Scheibe aus kosmischem Gas und Staub umgeben, in der Wasser vorkommt. Dabei ist es gar nicht so einfach, Wasser zu beobachten: Was im Teleskop letztlich gesehen wird, ist die Strahlung, die durch Bewegung der Wassermoleküle, vorrangig Drehung und Vibrationen, entsteht. Im gefrorenen Zustand bewegt sich das Molekül aber sehr viel weniger und wird damit auf so eine Entfernung schwer sichtbar. In der Nähe des Sterns wird der innere Teil der Scheibe aber stark genug erwärmt,

DIE ERDZEITALTER (VEREINFACHT)

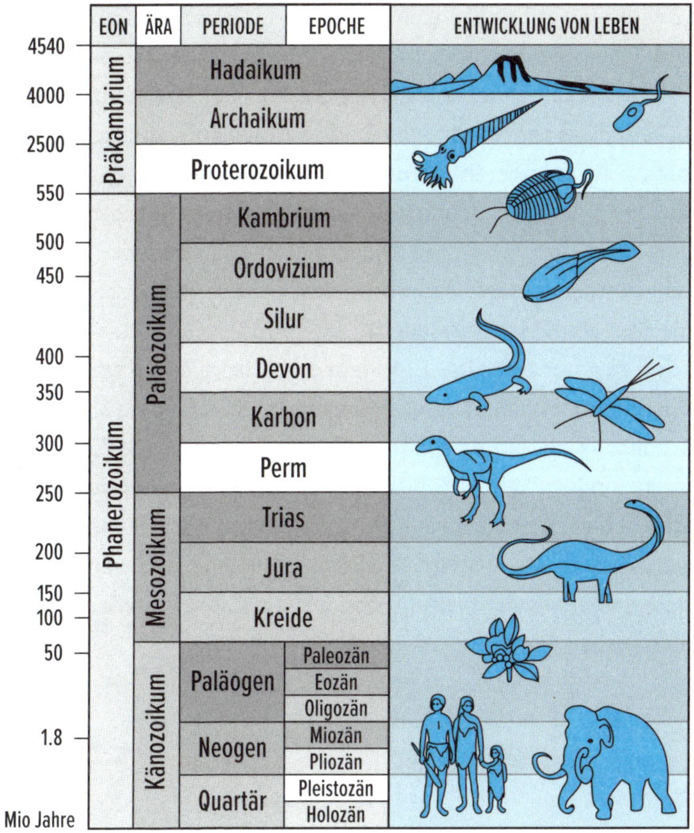

sodass sich die Verteilung und auch die chemische Zusammensetzung des Wassers beobachten lassen.

Denn: Wasser ist nicht gleich Wasser. H_2O ist uns geläufig, aber es gibt auch eine Form von »schwerem« Wasser, bei dem eines der Wasserstoffmoleküle durch ein Deuterium-Molekül ausgetauscht wird. Das Verhältnis der verschiedenen Wassermoleküle, zum Beispiel auf einem Kometen oder in den unteren Erdschichten, ist quasi der molekulare Fingerabdruck und ermöglicht wiederum Rückschlüsse auf Alter, Entstehung und mögliche Herkunft des Wassers. So konnte nachgewiesen werden, dass zumindest ein Teil des Wassers auf der Erde älter als die Sonne selbst ist.

Und zu guter Letzt: Das Urgestein der Erde selbst, so wird vermutet, beinhaltete ebenfalls große Mengen an Wasser. Diese Mineralien, die zunächst die Erde gebildet haben, müssen über Millionen von Jahren durch vulkanische Aktivität aus dem Erdinneren an die Oberfläche befördert worden sein, wo das Wasser dann Teil unseres heutigen Wasserkreislaufs wurde. *Unbelievable*, und wer weiß, wo die Wassermoleküle, die heute Abend auf der Zahnbürste landen, alle schon gesteckt haben?[1]

IT'S TIME TO RAIN!

Wie sieht es nun mit dem ersten Regen aus? Ausgasungen der zunächst schmelzflüssigen Erde bildeten die erste Atmosphäre. Die Uratmosphäre war übrigens anoxisch, enthielt also noch keinen Sauerstoff, sondern größtenteils Wasserdampf, Kohlendioxid und kleinere Mengen an Methan, Stickstoff und andere Bestandteile. Mit fortschreitender Abkühlung der Erde unter den Siedepunkt von Wasser kondensierte dann vor ungefähr 3,5 Milliarden Jahren mehr und mehr Wasserdampf, und es kam zum ersten Niederschlagsereignis. Der

Zeitpunkt ist natürlich sehr vage, und auch zum Ort lassen sich nur schwer Vermutungen anstellen – naheliegend ist aber, dass der erste Regen Hunderte von Jahren angedauert hat. In diesem insgesamt Millionen von Jahren andauernden Prozess der Abkühlung kam es auch zur Aushärtung anderer Bestandteile und zu dem, was jetzt der Ozeanboden ist. Durch die tektonische Bewegung der Erde entstanden die Strukturen des Urozeanbodens mit seinen Bergen und Tälern – und der anfallende Niederschlag sammelte sich zu den gewaltigen Wassermassen, die auch unseren heutigen Ozean noch ausmachen.

Jetzt wissen wir also, woher das Wasser kommt, das heute zu 71 Prozent die Erdoberfläche bedeckt, unseren Wasserkreislauf speist und uns jeden Tag auf vielfältige Form begegnet. Fakt ist, einen Schirm hat zum Zeitpunkt der ersten Regenfälle auf der Erde noch niemand gebraucht: Die ersten anaeroben Lebensformen, also solche, die keinen Sauerstoff benötigten, entstanden zwar verhältnismäßig kurze Zeit nach den Urozeanen, lebten aber tief unter der Wasseroberfläche. Heute werden wir durch den Sauerstoffgehalt in der Atmosphäre vor UV-Strahlung größtenteils abgeschirmt, aber den damaligen Bakterien und Einzellern fehlte außerhalbs des Wassers nicht nur der Sauerstoff nicht nur zum Atmen, sondern auch als Schutz.

Wenn also niemand vor Ort war, um den Regen zu beobachten, woher wissen wir dann überhaupt so viel über die Abläufe und Prozesse in der damaligen Atmosphäre? Und ähnelt der damalige Niederschlag dem, was wir heute unter Regen verstehen? Tatsächlich ist Regen nicht gleich Regen, und gerade diese ersten Niederschlagsereignisse fanden zu einer Zeit statt, in der die klimatischen Bedingungen der Erde nun wirklich nicht mit den heutigen zu vergleichen waren. Das hat auch Wissenschaftlerinnen und Wissenschaftler auf die Idee gebracht, einmal zu simulieren, wie die Niederschläge damals denn tatsächlich entstanden sein könnten. Eine Studie untersuchte die Niederschläge im Archaikum, also vor 4 bis 2,5 Milliarden

Jahren. Urozeane hatten sich schon gebildet, aber es war noch lange hin bis zum ersten sichtbaren Leben im Kambrium vor etwa 540 Millionen Jahren. Mit hoher Wahrscheinlichkeit so: Es hat nicht geregnet, es hat geschüttet! Wenn es zu Niederschlagsereignissen kam, so zeigen es die Simulationen, führten diese zu episodisch auftretendem Starkregen und Überschwemmungen.[2]

WASSER MARSCH – DIE CARNIAN PLUVIAL EPISODE

Aus meteorologischer Sicht sind die klimatischen Bedingungen, und wie sich diese wiederum auf Niederschläge auswirken, in jedem Fall spannend – und nicht nur das. Tatsächlich hatte Niederschlag in einer ebenfalls Millionen von Jahren zurückliegenden Phase der Erdgeschichte einen ganz gewaltigen Einfluss auf die Entwicklung des Weltgeschehens. Die karnische Krise oder *Carnian Pluvial Episode* (CPE) trug sich vor ungefähr 234 bis 232 Millionen Jahren in der auf der geologischen Zeitskala als Karn bezeichneten Stufe zu Beginn der Obertrias zu. Der Name gibt bereits einen Hinweis auf die Art der Krise, denn der Begriff *Pluvial* stammt vom lateinischen Wort für Regen: *pluvia*. Und tatsächlich ist die CPE eine Zeit, in der es über 2 Millionen Jahre hinweg zu einem deutlichen Anstieg der Niederschläge kam – und zwar nicht nur in einzelnen Gebieten, sondern über den ganzen Planeten verteilt.

Ursächlich für solche Krisen war oft Megavulkanismus, und auch die CPE wurde durch eine Serie von gewaltigen Vulkanausbrüchen ausgelöst. Anhand von Bohrungen in einem See in Nordchina konnte sogar festgestellt werden, dass es vier voneinander abgrenzbare vulkanische Großereignisse waren, die für die Änderung der klimatischen Bedingungen sorgten. Die durch die Bohrung gewonnenen terrestrischen Sedimente und Gesteine wurden durch verschiedene Methoden chronologisch bestimmt, unter anderem auch durch das Identifizieren von 26 Sporen-, 28 Pollen- und 5 Algengattungen. Und wie kam es jetzt zum Krisen-Regen?[3]

Stellvertretend für direkte Beobachtungen lassen sich aus klimatologischen **PROXYDATEN** Informationen gewinnen, die indirekt auf vergangene Klimabedingungen schließen lassen. Proxydaten sind somit wichtige Indikatoren, um den Wandel des Klimas im Laufe der Erdgeschichte zu verstehen. Beispiele für klimatologische Proxydaten sind:

- **EISBOHRKERNE**: Eisbohrkerne aus Polkappen und Gletschern enthalten Luftblasen und Spuren von atmosphärischen Gasen, die während der Entstehung des Eises eingeschlossen wurden. Durch die Analyse dieser Gaszusammensetzung können Rückschlüsse auf vergangene atmosphärische Bedingungen gezogen werden.
- **BAUMRINGE**: Bäume wachsen in Abhängigkeit von den jährlichen klimatischen Bedingungen. Deshalb können Breite und Zusammensetzung der Baumringe als Indikatoren für Niederschläge, Temperaturen und andere klimatische Variablen dienen.
- **KORALLEN**: Auch das Wachstum von Korallen hängt von Meerestemperaturen und anderen Umweltbedingungen ab, so dass vergangene Ozeanbedingungen abgeleitet werden können.
- **SEDIMENTKERNE**: Sedimente in Seen und Ozeanen enthalten Ablagerungen von Pflanzenpollen, Mikroorganismen und anderen Materialien, die von der Umwelt beeinflusst wurden. Die Analyse von Sedimentkernen ermöglicht es, vergangene Umweltbedingungen und somit auch klimatische Bedingungen zu rekonstruieren.

Diese Proxydaten werden oft kombiniert und analysiert, um langfristige Klimamuster zu rekonstruieren und Klimamodelle zu verbessern. Auch wenn die Gewinnung von Proxydaten und deren Evaluierung aufwendig sind, sind diese Daten sehr wertvoll: Wie sonst könnten wir auch nur annähernd ein Verständnis für die Vergangenheit erreichen?

Die Landmassen der Erde hingen zu diesem Zeitpunkt in einem globalen Superkontinent zusammen: dem Urkontinent Pangäa, einer größtenteils flachen und zusammenhängenden Landoberfläche umgeben vom Ozean Panthalassa. Niederschlag ist oft orographisch bedingt, entsteht also, wenn feuchte Luftmassen an Erhebungen im Boden aufsteigen, dabei abkühlen und das so kondensierende Wasser ausregnet. Für diese Form von Niederschlägen fehlten in Pangäa die Berge, so stauten Wolken sich primär entlang der Küsten, wo Reibungsunterschiede und die Temperaturunterschiede zwischen Meeres-und Erdoberfläche das Aufsteigen von Luftmassen begünstigten. Das Klima im Landesinneren war demnach heiß und trocken und bot kleineren Reptilien ideale Lebensbedingungen.[4]

Die Eruptionen setzten jeweils große Mengen von CO_2 frei, welches wiederum damals wie heute als Treibhausgas maßgeblich für eine Erwärmung der Lufttemperatur verantwortlich war – Simulationen zufolge sind zwischen 3 und 10 °C als Folge der vulkanischen Aktivität realistisch.[5] Warme Luft kann nicht nur mehr Wasserdampf halten, höhere Temperaturen führen auch zu einer höheren Verdunstung – oder Evaporation. Über einen langen Zeitraum gesehen steht somit mehr Wasser für Niederschlag zur Verfügung: Das Klima wurde also wärmer und feuchter, und irgendwann konnten Wolken auch das Landesinnere von Pangäa erreichen. Es regnete. Und regnete. Und hörte gar nicht mehr auf zu regnen – entsprechend wurde Pangäa an vielen Orten überschwemmt.

Ablagerungen dieser Überschwemmungen, zum Beispiel Steine aus Flussbetten und Sedimente, finden sich weltweit in vielen Regionen, die in Pangäa ursprünglich einmal weit auseinanderlagen. All

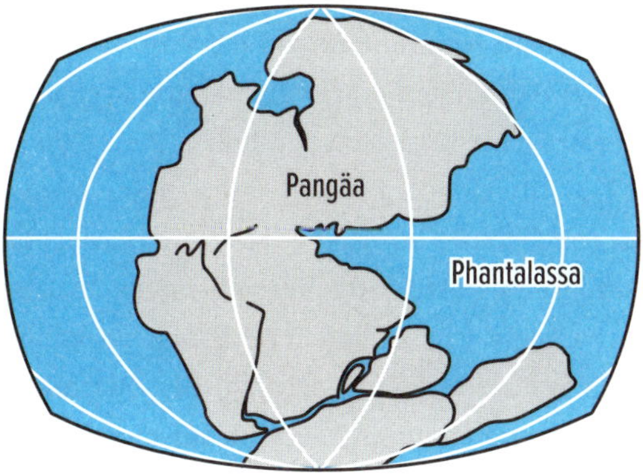

diese Ablagerungen datieren in die Zeit der CPE, was darauf hinweist, dass es in Pangäa in mehreren Gebieten gleichzeitig schwer geregnet haben muss – und bestätigen so die Theorie der CPE. Auch die Erweiterung und Eutrophierung von Seen, also die Anreicherung von Nährstoffen im Wasser, konnte anhand der Bohrkerndaten nachgewiesen werden. Und auch wenn die vulkanische Aktivität in diesem Zeitraum zu einem massiven Anstieg der CO_2-Konzentration geführt hat: Der Kohlenstoffkreislauf stabilisierte sich im Anschluss wieder, zum Beispiel da Pflanzen, Gesteine und Ozeane Kohlenstoff aufnahmen und banden. So endete die CPE nach 2 Millionen Jahren – das bestätigen auch die Sedimente, die im Anschluss an die CPE wieder trockenere Bedingungen vermuten lassen.

Und wie haben die bis zu 2 Millionen Jahre Dauerregen das Weltgeschehen beeinflusst? In jedem Fall waren die Bedingungen für die damals lebenden Kleinreptilien so ungünstig, dass viele Arten ausstarben. Damit wurden Biotope und Lebensräume für eine bisher noch kleine Gruppe von Landwirbeltieren frei: Bemerkenswert rasant vollzog sich in den kommenden 10 Millionen Jahren die weitere Entwicklung der Dinosaurier. Auch Koniferen, Insekten, Schildkröten und erste Säugetiere konnten sich auf der Erde etablieren, und die chemischen Veränderungen im Ozean bildeten Korallenriffe – man spricht heute von einer Explosion der Diversität zu dieser Zeit.[6]

Ob die Dinosaurier sich an das feuchtere Klima besser anpassen konnten oder einfach nur übriggeblieben sind, als alle anderen Tierarten ausstarben: Sie bevölkerten über 165 Millionen Jahre den Planeten, bis vor ungefähr 65 Millionen Jahren ein gewaltiger Meteorit im heutigen Yucatán, Mexiko, einschlug. Der Chicxulub-Einschlag gehört mit vier weiteren durch Megavulkanismus hervorgerufenen Ereignissen übrigens zu den *Big Five* der größten Massenaussterben. Meist sind es nicht nur die primären Folgen solcher Ereignisse, sondern auch die sekundär resultierenden Auswirkungen auf die klimatischen Bedingungen und insbesondere den Sauerstoffgehalt, die zum Aussterben führen – bei jedem der *Big-Five*-Ereignisse kam es zu einem Verschwinden von zwischen 65 und 80 Prozent aller zu der Zeit existierenden Arten.

Zur Einordnung: Die CPE ist also mit einem Artenschwund von ungefähr 35 Prozent noch vergleichsweise harmlos. Trotzdem zeigt sie anschaulich, welchen Einfluss eine Veränderung des Klimas auf die weitere Entwicklung von Flora und Fauna hatte. Randnotiz: Das sechste Massenaussterben ist laut Einschätzung vieler Wissenschaftlerinnen und Wissenschaftler bereits im Gange – ganz ohne vulkanische Aktivität.[7]

Wo wir doch aber gerade von Regen sprachen: Wie sieht ein Regentropfen eigentlich aus? Gerne kurz innehalten und vorstellen, bevor ihr weiterlest/umblättert.

War das Bild im Kopf der Klassiker, ein Tropfen in Tränenform? Ein universal anerkanntes Zeichen für Regen – obwohl es natürlich gar nicht stimmt. Die Form eines Regentropfens hängt hauptsächlich von seiner Größe ab: Bis 2 mm Durchmesser ist er dank der Ober-

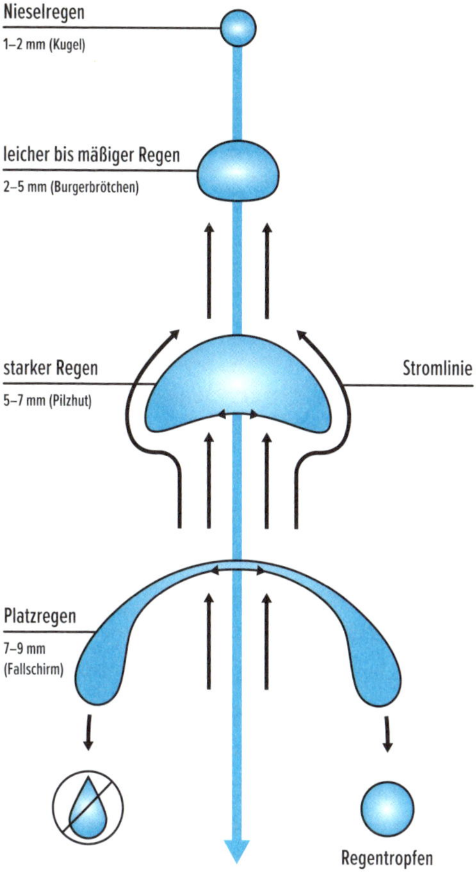

flächenspannung von Wasser noch fast kugelförmig. Das entspricht ungefähr Nieselregen. Sobald größere Tropfen zu Boden fallen, beginnt sich der Luftwiderstand auf die Form des Tropfens auszuwirken - die Kugel wird an der Unterseite abgeflacht, es bildet sich ein Burgerbrötchen. Wird der Regentropfen noch größer, bildet sich eine Mulde, bis der Tropfen beim Fallen durch den Luftwiderstand zerreißt und in viele kleinere Tropfen zerfällt.

Das unfassbare Wetter

Das Wetter lässt sich zwar in seiner Komplexität nie vollständig erfassen, aber auf vielfältige Art und Weise beobachten – und es ist auch wichtig, dass wir das tun. Nicht nur, um unser Erdsystem zu verstehen, sondern auch, um vorherzusagen, wie das Wetter wird. Man möchte natürlich wissen, ob man morgen einen Schirm einpacken sollte oder nicht. (Ehrlich gesagt: Ich habe selten einen dabei. So geht es vielen Meteorologinnen und Meteorologen – das zählt zum Berufsrisiko dazu.) Aber zurück zur Wetterbeobachtung. Es mag banal klingen, ist es aber nicht: Ohne etwas über den Ist-Zustand zu wissen, kann ich keine Aussagen darüber treffen, wie das Wetter morgen oder gar in zehn Tagen wird. Auch für das weite Feld der Klimafolgenforschung benötigen wir Datensätze aus jahrzehntelanger Beobachtung, um belastbare Aussagen über die Veränderungen im Klimasystem zu ermöglichen.

Einen entscheidenden Grundstein für die Meteorologie legte Aristoteles im Jahr 340 v. Chr., als er in seiner Abhandlung *Meteorologica* Begriffe wie Wolken, Regen, Schnee, Wind und Hagel einführte und sich erstaunlich präzise dem Wasserkreislauf widmete. Auch in anderen Regionen der Welt setzte man sich mit Wetterereignissen auseinander – selbstverständlich, denn zu einer Zeit, in der die Menschen dem Wetter im Alltag so ausgeliefert waren, hing viel davon ab, zumindest ein grundlegendes Verständnis der Jahreszeiten und Zusammenhänge von Wetterereignissen zu erwerben.

METROLOGIE UND METEOROLOGIE

Das alte Ägypten war eine der frühesten Zivilisationen, die das Wetter beobachteten, allein schon wegen der jährlichen Überschwemmungen des Nils. Auch aus China, Indien oder dem früheren Mesopotamien sind uns schon frühzeitige Wetterbeobachtungen und Notizen überliefert, besonders zu wiederkehrenden Ereignissen. In Japan wird unter anderem das Datum der ersten Kirschblüte im Jahr aufgezeichnet, und das bereits seit 800 n. Chr.[1] Diese Aufzeichnungen gehören damit zu einem wichtigen Datensatz in der Phänologie – dem Jahresablauf von wiederkehrenden biologischen Entwicklungs- und Wachstumserscheinungen in der Natur. Alle wetterinteressierten Nationen einte aber ein gemeinsames Problem: Wie sollte man notieren, wie viel Regen an welchen Tagen fiel und wie warm oder kalt es am Morgen war? Zur Erfassung der Welt des Wetters in Zahlen, also ihrer Quantifizierung, brauchte es vor allen Dingen eins: Messinstrumente. Die Entwicklung von Thermometer, Barometer und Aspirationspsychrometer fällt in den Bereich der Metrologie, die eng mit der Meteorologie verknüpft ist – und das nicht nur vom Namen her. Es handelt sich dabei nämlich um die Wissenschaft des Messens und ist deshalb wichtig für die Beobachtung des Wetters.

Eine der ersten Variablen, die erfolgreich gemessen werden konnte, war die Temperatur. Flüssigkeiten und Gase dehnen sich je nach Temperatur unterschiedlich aus – und diese Eigenschaft nutzte Ende des 16. Jahrhunderts Galileo Galilei zur Entwicklung des Thermoskops. Die ersten Thermoskope bestanden meist aus einem dünnen, mit Flüssigkeit gefüllten Glasrohr. Wenn sich die Temperatur ändert, dehnt sich die Flüssigkeit im Thermoskop aus oder zieht sich eben zusammen. Entsprechend steigt oder sinkt die Flüssigkeit im Glasrohr.

Erste Thermoskope konnten somit anzeigen, ob sich die Temperatur veränderte – allerdings nicht ganz korrekt, denn auch der Luftdruck spielt bei der Ausdehnung von Flüssigkeiten eine Rolle. Und: Sie lieferten keine absolute und damit vergleichbare Messung der Temperatur in Zahlen. Aber dem Ingenieur ist nichts zu schwer, und so resultierte die Weiterentwicklung der ersten Thermoskope im Galileo-Thermometer, das erstmals eine Messung, also Quantifizierung der Temperatur ermöglichte – wenn auch noch ungenau und langsam. 1714 gelang es dann Daniel Fahrenheit, ein kleines, handliches Quecksilberthermometer zu entwickeln welches noch dazu mit einer einheitlichen Skala versehen war. Auch wenn sich die Fahrenheit-Skala nicht in allen Gebieten der Welt durchsetzen konnte: Das Thermometer war präzise, handlich und vergleichsweise kostengünstig. Zum Thermometer gesellten sich dann Barometer, Aspirationspsychrometer und Anemometer.

Im 19. Jahrhundert entwickelte der Meteorologe Richard Aßmann das **ASPIRATIONSPSYCHROMETER**, mit dem indirekt die relative Luftfeuchte bestimmt werden kann. Es besteht aus einem Gehäuse mit zwei Thermometern, eines davon ist am unteren Ende mit einem feuchten Strumpf umwickelt. Das Grundprinzip: Für das Verdunsten von Wasser wird Energie benötigt. Verdunstet also Wasser aus dem Strumpf, kühlt sich das Feuchtthermometer ab. Aus dem Temperaturunterschied zwischen den beiden Thermometern kann die relative Feuchtigkeit der Luft anhand einer Formel bestimmt oder in einer Tabelle abgelesen werden. Auch noch wichtig: Der Name ist Programm. Das Aspirationspsychrometer kann Luft aspirieren – zunächst durch Schwenken am ausgestreckten Arm, später zirkulierte die Umgebungsluft mithilfe eines Ventilators gleichmäßig um beide Thermometer. So wurde bei beiden Thermo-

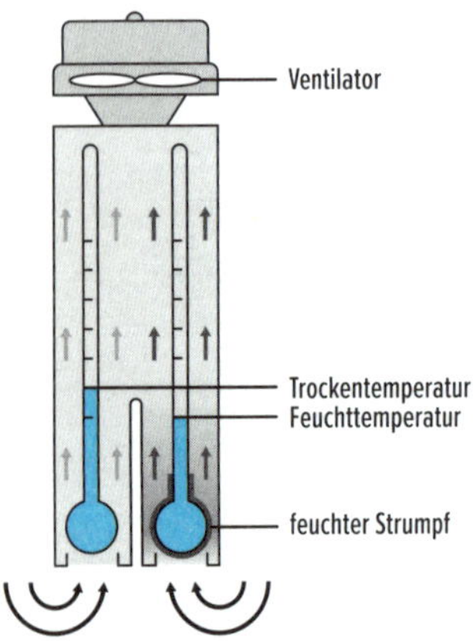

metern für vergleichbare Verdunstungsbedingungen gesorgt und vor allem der Einfluss von Strahlung auf die Messung minimiert. Einfach und dadurch sehr präzise - eine Revolution in der Meteorologie und Metrologie zugleich.

So wurden Methoden zur Messung von Temperatur, Luftdruck, Feuchte und Niederschlag sowie zur Beobachtung von Windrichtung und -stärke entwickelt. Die zunehmende Kolonialisierung durch europäische Nationen und der Aufbau von Handelsposten verbreiteten verfügbare Messinstrumente weltweit. Wetterstationen etablierten sich, und man begann erstmalig, systematisch meteorologische Daten zu sammeln. Oft hatte auch das Militär die Finger im Spiel: Denn in Zeiten, in denen eine Überquerung des Atlantiks noch Wochen dauern konnte, war es sehr wichtig, nicht allzu viele Soldaten an das Tropenfieber zu verlieren - und zu verstehen, ob das Wetter dafür verantwortlich sein konnte.

So waren es besonders in Nordamerika oft Ärzte und Militäroffiziere, die sich bemühten, die ersten umfassenden Datenerhebungen zu erstellen.[2] Im 19. Jahrhundert wurde dann auf dem Gebiet der Kommunikation die Telegrafie weltweit eingeführt, was den Austausch von Wetterdaten zwischen verschiedenen Standorten erheblich erleichterte und beschleunigte. So wurden auch Wetterbeobachtungen über größere Gebiete hinweg möglich. Und mithilfe dieser räumlichen Zusammenhänge konnte man bestimmte Phänomene schneller, präziser oder überhaupt das erste Mal erkennen - zum Beispiel den Zusammenhang zwischen sinkendem Luftdruck und heraufziehendem Sturm.

Auch auf viel befahrenen Routen führten Schiffe standardmäßig mindestens Barometer und Thermometer mit und trugen so entlang der Schiffsrouten ihren Teil zu vergleichsweise umfassenden historischen Datensätzen bei. Heute werden immer noch sehr ähnliche Variablen beobachtet. Aber die Bandbreite der Messinstrumente ist um ein Vielfaches gewachsen: Als militärische Nebenprodukte kamen das Radar und weitere Fernerkundungsmethoden hinzu; Wetterballons, Radiosonden, Flugzeuge, Satelliten und sogar Drohnen können inzwischen in der Höhe Wettervariablen messen. Und durch die Gründung von nationalen meteorologischen Diensten wie zum Beispiel der Zentralanstalt für Meteorologie und Geodynamik in Österreich (1851) oder dem India Meteorological Department (1875) wurden weitere wichtige Voraussetzungen für die kontinuierliche Beobachtung des Wetters geschaffen. Und im Rahmen von Citizen-Science-Projekten kann selbst in Nachbars Garten die Wetterstation ihre Daten an eine App weiterleiten. Diese unzähligen Messmethoden haben so den nächsten Schritt für die Vorhersage von Wetterereignissen ermöglicht.

QUANTITÄT? QUALITÄT!

Die mühsam erhobenen Daten wurden über Jahrzehnte hinweg gesammelt – aber um sie zu analysieren, fehlte zunächst noch ein wichtiger Zwischenschritt: die Standardisierung. Denn wenn beliebig zu verschiedenen Tageszeiten gemessen wird, können die Daten einer Station nur schwer ausgewertet werden. Auch die Kombination von mehreren Beobachtungsmethoden ist nützlich und kann dabei helfen, Datenreihen zu validieren, zu homogenisieren und Aussagen über die Qualität der Daten zu treffen. Denn nur weil eine Datenreihe existiert, bedeutet das noch lange nicht, dass sie vollständig ist – oder dass die dort enthaltenen Informationen auch korrekt und brauchbar sind.

Heutzutage wird beim Erheben der Daten bereits eine Qualitätskontrolle durchgeführt, so dass sehr hohe oder niedrige Werte direkt untersucht werden können. Auch Lücken können durch umliegende

Nachbarstationen durch verschiedene statistische Methoden geschlossen werden. Rückblickend ist das schwieriger, besonders dort, wo die Wetterdaten händisch erfasst und noch nicht digitalisiert wurden: Glücklicherweise ist das heute kein Problem mehr, denn Hilfe ist nah. In meiner ersten Zeit am Meteorologischen Institut der Universität Bonn habe ich eine Stelle als studentische Hilfskraft angenommen. »Digitalisieren von historischen Wetterdaten« lautete die Arbeitsbeschreibung – was schlussendlich stundenlanges Abtippen von Postkarten bedeutete. Auf diesen hatten geflissentlich Tag für Tag Bürgermeister, Pfarrer und Lehrer in meist kleineren Dörfern die Wetterdaten mit verschiedenen Symbolen notiert. Primär ging es um die Menge im Regenmesser um 7 Uhr am Morgen, aber es gab durchaus auch einige, die sich die Mühe gemacht hatten, besondere Wetterereignisse wie Gewitter für den ganzen Tag akribisch aufzuzeichnen. Die Karten wurden dann monatsweise an eine zentrale Stelle geschickt – und dort je nach Sachbearbeiter auf Plausibilität überprüft. Die Fehlerquellen waren vielfältig: War der Lehrer am achten Tag nach starkem Schneefall wirklich nochmal um 7 Uhr aufgestanden, um zu schauen, ob sich die Schneehöhe verändert hatte? Denn obwohl die Temperaturen zwischenzeitlich stark angestiegen waren, wurde über mehrere Tage die gleiche Schneehöhe gemeldet. Manchmal hatte eine Kuh von der benachbarten Weide den Regenmesser umgestoßen oder gar selbst beregnet – oder es war vollkommen offensichtlich, dass über mehrere Tage das Wetter nicht korrekt abgelesen wurde, weil die Werte zufällig genau dann aus der Reihe fielen, als der Lehrer vermerkt hatte, dass er eine Urlaubsvertretung eingearbeitet habe. Auch auf unserer Seite sind Fehler passiert: War die Studentin beim Abtippen vielleicht müde und hatte aus Versehen 80 statt 8,0 eingetippt? Oder war sie im Excelsheet aus Versehen in die falsche Station gerutscht? Gegen viele dieser Fehlerquellen konnten wir Qualitätskontrollen einbauen, so wird zum Beispiel bereits auf der monatlichen Übersichtskarte durch den historischen Wetterbeobachter eine Niederschlagssumme angegeben, die wir mit unseren dank Excel automatisch berechneten Summen vergleichen konnten. Es zeigt aber, dass das Generieren von Daten allein noch nicht genügt – man muss sich auch darüber Gedanken machen, wie diese Daten vergleichbar gemacht werden können und, vor allen Dingen, wie man eine Qualitätskontrolle gewährleisten kann.[3]

GLOBAL GESEHEN

Wetter und Klima kennen keine nationalen Grenzen – um das Wetter in Deutschland vorhersagen zu können, genügt es nicht, nur bis an die eigenen Landesgrenzen zu denken. Gerade deshalb ist die Meteorologie auf einen globalen Austausch angewiesen, und die internationale Zusammenarbeit ist insbesondere in schwer zugänglichen Gebieten wichtig. Oft liegen diese in Regionen, die gleichzeitig für die Meteorologie besonders spannend sind: Eis, Wüste, Berge. Forschungsstationen wie die *Neumayer III*, aber auch Schiffe wie die *Polarstern* liefern große Mengen an Daten und Erkenntnisse, sind aber zeitintensiv und kostspielig. Deshalb ist der internationale Austausch nicht nur für das globale und umfassende Verständnis des Wetters wichtig, sondern auch auf pragmatischer Ebene sinnvoll.

In Europa wurden nach dem Zweiten Weltkrieg trotz Zeiten der politischen Abgrenzung zwischen West und Ost wichtige meteorologische Daten geteilt, zum Beispiel die Wettermeldungen der Flughäfen, sogenannte *Meteorological Aerodrome Reports* oder METARs. Der METAR vom John F. Kennedy Airport war trotz angespannter politischer Lage also wenige Minuten nach Ausgabe auch hinter dem Eisernen Vorhang in ungefilterter Form lesbar. Für manche Personen war dieser Austausch sogar der Anlass für die meteorologische Berufswahl.

Wie schnell es zum Problem werden kann, wenn dieser internationale Austausch nicht mehr gegeben ist, sieht man aktuell in der Arktis. Diese liegt größtenteils auf russischem Territorium, weshalb viele Forschungsprojekte gemeinsam mit russischen Einrichtungen geplant und durchgeführt wurden – in der Vergangenheit. Denn einen Tag nach Beginn des russischen Angriffskriegs auf die Ukraine empfahl die Allianz der Wissenschaftsorganisationen bereits, wissenschaftliche Kooperationen mit russischen Institutionen zu beenden.[4] Bei der Deutschen Forschungsgemeinschaft waren es rund 150 Projekte, die gestoppt wurden oder nur ohne russische Beteiligung fortgesetzt werden konnten. Darunter zum Beispiel auch Projekte zu Methanemissionen aus arktischen Permafrostgebieten: Hier sollte beobachtet werden, ob sich bei bestimmten Landschaftsstrukturen Zusammenhänge mit Emissionen nachweisen lassen. Diese Erkenntnisse wären wiederum in die Verbesserung von Land-Oberflächen-Modellen geflossen. Auch das ICARUS-Projekt des Max-Planck-Instituts bei dem in einer internationalen Kooperation Tiere aus dem Weltall beobachtet werden, muss nun nach einer anderen Möglichkeit suchen. Die Minisender der Tiere schickten ihre Messdaten bisher an eine Empfangsstation auf dem russischen Teil der Internationalen Raumstation.[5]

WOKE WEATHER

Zur Geschichte der Wetterbeobachtung gibt es eine Unmenge an Publikationen und dicken Büchern – zum Beispiel *Das Wetter-Experiment* von Peter Moore, das auf über 500 Seiten die Geschichte der Wetterbeobachtung erzählt. Was auffällt: Obwohl auf so vielen Seiten sicher nicht alle Aspekte berücksichtigt werden können, finden sich im Personenregister zur Geschichte der Wetterbeobachtung neben allein 12 Charles', 13 Georges, 8 Johns insgesamt nur 7 Frauen. Diese nehmen auch keine aktive Rolle ein, ihnen wurden lediglich Briefe geschrieben, wie an Fanny Edgeworth (geb. Beaufort), Schwester von Francis Beaufort, in denen die Beobachtungen zu schnell ziehender Wolken geteilt wurden. Oder sie waren kränklich, wie Maria Constable, was wohl dazu führte, dass John Constable oft mit seiner Familie aufs Land reisen musste – wo er sich dann wiederum ausgiebig den künstlerischen Studien von Bäumen und Wolken widmete. Mit Sicherheit haben diese Männer die Meteorologie in einem Umfang geprägt, von dem wir heute noch profitieren. Oder wie im Buch der Meteorologe Robert FitzRoy zitiert wird: »eine Galaxie ausgezeichneter Männer (...), die wesentlich zum gegenwärtigen meteorologischen Wissen beigetragen haben«.[6] Und gleichzeitig frage ich mich, wieso kaum Frauen in der Geschichte erwähnt werden – denn sie stammten oftmals aus wohlhabenden Familien, waren durchaus gebildet und hätten sich das Wetter ja ebenso gut anschauen können. Und sicher haben diese Männer nicht isoliert vor sich hin gearbeitet. Darauf deuten zumindest die Tagebucheinträge der Männer hin, in denen sie selbst beschreiben, wie sie gemeinsam mit ihren Frauen diskutieren und Schreiben an andere Wissenschaftler beantworten.

Auch die großen Datenmengen, die damals alle händisch zusammengetragen, ausgewertet und beispielsweise zu komplexen Karten verarbeitet wurden, wurden sicher nicht nur von Männern bearbeitet – besonders nicht, wenn kostenlose Hilfskräfte in Form von Töchtern zur Verfügung standen. Und tatsächlich: In Äquatorialguinea finden sich unter den ersten systematisch erstellten meteorologischen Beobachtungen auch die Aufzeichnungen der spanischen Urquiola-Schwestern Isabel und Juliana, die auf Little Elobey Island vom 1. Juni bis zum 31. Dezember 1875 mehrmals täglich Wetterdaten erhoben und dokumentierten. Während Isabel Urquiolas Mann zu weiteren Exkursionen aufbrach, blieb sie mit ihrer Schwester auf der kleinen Insel zurück. Dort beobachteten sie mindestens viermal am Tag, nämlich um 6, 12, 15 und 18 Uhr Ortszeit, bis hin zu achtmal am Tag Luftfeuchte, Temperatur, Niederschlag, Windrichtung und -geschwindigkeit. Bei späteren Auswertungen dieser Daten stellte sich heraus, dass sie deutlich genauer und sorgfältiger erfasst worden waren als andere, zeitgleich erhobene Daten aus der Nähe. Veröffentlicht wurden die Ergebnisse durch Isabels Mann – Erwähnung finden die Schwestern darin aber nicht. Auch später blieben Berücksichtigung und Anerkennung für die Leistung der beiden aus, auch wenn Iradier, der den Ruhm abgreifende Ehemann, selbst einmal bei einem Vortrag feststellte, dass es ihm ja gar nicht möglich gewesen sei, die ganzen Beobachtungen über einen so langen Zeitraum hinweg akribisch aufzuzeichnen, da er gleichzeitig oft auf dem Festland unterwegs gewesen sei. Auch in seinen Beschreibungen der täglichen Abläufe auf der Insel listete er fischen, jagen und Schmetterlinge sammeln sowie Sonnenauf- und -untergänge betrachten auf. Zu den sicherlich nicht immer spannenden Abläufen der mühsamen Wetterbeobachtung findet sich kein Kommentar. Dabei stellte diese Exkursion eine echte Pionierleistung dar: Schon auf der Reise von Spanien nach Äquatorialguinea war ein Feuer ausgebrochen, das Teile der Messinstrumente vernichtete.[7] Auch der lange Aufenthalt im tropischen Gebiet verursachte bei allen dreien schwere gesundheitliche Beschwerden – später starb die auf Elobey Island geborene Tochter von Iradier und Isabel im Alter von nur 15 Monaten. Bedauerlich, dass er es nach seiner Rückkehr nicht für nötig befunden hat, die Leistung der beiden Schwestern öffentlich zu würdigen.

WER HAT'S ERFUNDEN?

- Marvin oder Mary Anderson? Was: Scheibenwischer
- Karl oder Käthe Paulus? Was: Paketfallschirm
- Hans oder Hedy Llamar? Was: Frequenzsprungverfahren als Grundstein für Wifi / GPS

Frauen haben keinen erfinderischen Drang (es heißt ja auch Daniel Düsentrieb und nicht Daniela Düsentrieb), und auch wissenschaftlich sind sie einfach nicht so talentiert. Die US-amerikanische Frauenrechtlerin, Aktivistin und Soziologin Matilda Joslyn Gage schrieb schon im Jahr 1870 ein Pamphlet mit dem Titel *Woman as Inventor* – Frauen als Erfinderinnen – und verurteilte darin diese leider auch heute noch vorhandene Annahme. Hieraus entwickelte sich der Begriff Matilda-Effekt, der die Tendenz beschreibt, dass wissenschaftliche Beiträge von Frauen minimiert, ignoriert oder auch gleich abgelehnt werden, während gleichwertige oder weniger bedeutende Beiträge von Männern eher Anerkennung erhalten. Klingt abstrakt und unnötig? Während die Namen von Wissenschaftlerinnen wie Marie Skłodowska Curie, Ada Lovelace oder Jane Goodall noch halbwegs geläufig sind, wird es bei Erfinderinnen dünn. Oben stehen schon einmal drei, denn die Vornamen sind natürlich alle in der weiblich gelesenen Form korrekt.[8, 9]

Wetten, dass das Wetter wird?

Die Grundlage der Wettervorhersage wurde mit den wachsenden Möglichkeiten der Wetterbeobachtung erfolgreich gelegt. Zu einer Vorhersage gehören aber neben der Erfassung von Daten noch weitere Schritte, nämlich – in chronologischer Reihenfolge – die Analyse des Wetters, die eigentliche Vorhersage selbst, eine Evaluation zur Qualitätskontrolle sowie die Verbreitung und Kommunikation der Vorhersage.[1]

Aus einer Sitzung des britischen Unterhauses im Jahr 1854 ist überliefert worden, dass ein Abgeordneter die kühne Behauptung aufstellte, dass es bald möglich sein könnte, das Wetter schon einen ganzen Tag im Voraus zu kennen – damals wurde er dafür schallend ausgelacht. Tatsächlich fehlte es zu diesem Zeitpunkt noch massiv an grundlegendem Verständnis, besonders für die Entstehung und Entwicklung von Fronten, an denen häufig Niederschlag, Gewitter und Wolkenbildung zu beobachten sind.

In der Meteorologie bezieht sich der Begriff **FRONT** auf die Übergangsregion zwischen zwei Luftmassen von sehr unterschiedlicher Temperatur, Feuchtigkeit und/oder Dichte. Es gibt verschiedene Arten von Fronten, darunter:

- **WARMFRONT**: An einer Warmfront trifft eine warme Luftmasse auf eine kältere Luftmasse und gleitet auf diese auf. Dadurch steigt die warme Luft auf, und es bildet sich eine sogenannte Aufgleitbewölkung, je nach Verlauf sind auch lang anhaltende kräftige Niederschläge möglich.

- **KALTFRONT**: Eine Kaltfront tritt auf, wenn eine kalte Luftmasse eine warme Luftmasse beiseiteschiebt. Die kalte, dichtere Luft verdrängt so die wärmere Luft, was zu schnellen Vertikalbewegungen und intensiveren Wetterphänomenen wie Schauern mit Gewittern und heftigen Böen führen kann. Nach dem Durchzug der Kaltfront ist es meist kälter, dafür ist die Sicht oft besser, und Bewölkung lockert zunächst auf, bevor dann häufig einzelne Schauer auftreten – das sogenannte Rückseitenwetter.
- **OKKLUSION**: Eine Okklusionsfront entsteht, wenn eine sich schnell bewegende Kaltfront eine Warmfront einholt und die warme Luftmasse zwischen zwei kälteren Luftmassen geschoben wird. Dies führt zu komplexen Wetterbedingungen, die von Regen und Gewittern bis hin zu Wolkenbildung und Temperaturänderungen reichen können.
- **STATIONÄRE FRONT**: Eine stationäre Front bildet sich, wenn warme und kalte Luftmassen aufeinandertreffen, aber keine signifikante horizontale Bewegung aufweisen. Der Wind verläuft hier frontenparallel, während die Front selbst stationär über längere Zeiträume an Ort und Stelle bleibt. Stationäre Fronten sind oft mit längeren Niederschlagsperioden und bewölktem Wetter verbunden.

Trotz dieser damals illusorisch wirkenden Vorstellung einer qualitativ hochwertigen Vorhersage für den nächsten Tag haben in den kommenden Jahrzehnten viele Menschen daran gearbeitet, immer mehr und mehr Bausteine für die Vorhersage zusammenzutragen. Die ersten Wetterkarten wurden erstellt, die es wiederum ermöglichten, Wetterphänomene über größere Gebiete hinweg zu analysieren. Maßgeblich vorangebracht wurden Wettervorhersagen vor allem durch die Anwendung der Navier-Stokes-Gleichungen auf die Atmosphäre: Diese Gleichungen werden dazu verwendet, um Strömungen in Fluiden, also fließfähigen Materialien zu beschreiben – und dazu gehört auch Luft. In der ersten Hälfte des 19. Jahrhunderts gab es mehrere Wissenschaftler, die zeitgleich daran gearbeitet haben, diese Gleichungen zur Beschreibung der Bewegung in der Atmosphäre auszuformulieren, aber in die Meteorologie und besonders die Grenzschicht übertragen wurden die Gleichungen erst von Ludwig Prandtl im Jahr 1904.

NAVIER-STOKES-GLEICHUNGEN

$$\rho \frac{Dv_x}{Dt} = -\frac{\partial p}{\partial x} + \mu \Delta v_x + f_x$$

$$\rho \frac{Dv_y}{Dt} = -\frac{\partial p}{\partial y} + \mu \Delta v_y + f_y$$

$$\rho \frac{Dv_z}{Dt} = -\frac{\partial p}{\partial z} + \mu \Delta v_z + f_z$$

$$\frac{D}{Dt} = \frac{\partial}{\partial t} + v_x \frac{\partial}{\partial x} + v_y \frac{\partial}{\partial y} + v_z \frac{\partial}{\partial z}$$

Die planetare **GRENZSCHICHT** bildet den untersten und damit für uns unmittelbar erfahrbaren Rand der Atmosphäre. Innerhalb dieser Schicht dominiert sich der Reibungseffekt der Erdoberfläche auf die darüberströmende Luft. Die Grenzschicht beginnt also am Erdboden und reicht je nach Ausprägung bis in 500–2000 m Höhe. Die genaue Höhe ist abhängig von der Beschaffenheit des Bodens, der Windgeschwindigkeit und der vertikalen Temperaturschichtung. Innerhalb der gesamten Grenzschicht finden wichtige Austauschprozesse von fühlbarer Wärme und Wasserdampf statt, die zeitlich und räumlich stark variieren können. Besonders der vertikale Austausch durch Turbulenzen ist hier von Bedeutung. Nur in der Grenzschicht erkennt man einen klaren Tagesgang der meteorologischen Variablen. Die ersten etwa 100 m der Grenzschicht, auch Prandtl-Schicht genannt, sind dabei charakterisiert durch eine starke Änderung von meteorologischen Variablen wie Temperatur und Wind – dagegen bleiben die vertikalen Flüsse von Wärme und Wasserdampf vergleichsweise konstant. Spannend ist außerdem, dass der Wind am Erdboden noch nahezu 0 ist und mit der Höhe nicht nur nach einem bestimmten Profil zunimmt, sondern sich auch dreht – diese Ekman-Spirale findet sich in der Ekman-Schicht, die oberhalb der Prandtl-Schicht beginnt. Über der Grenzschicht kann die atmosphärische Strömung dann als näherungsweise reibungsfrei betrachtet werden.

An der ersten numerischen Wettervorhersage versuchte sich Lewis Fry Richardson 1916. Er wählte als Anfangsbedingungen diejenigen des 20. Mai 1910 um 7 Uhr, denn für diesen Tag lagen dank einer Messkampagne mit Wetterballons vergleichsweise viele Daten auch aus höheren Luftschichten vor. Sein Ziel: das Wetter in zwei Gebieten über Europa für den gleichen Tag um 13 Uhr vorherzusagen. Er begann während eines Einsatzes als Krankenwagenfahrer im Ersten Weltkrieg zu rechnen – und erhielt sechs Wochen später die erste numerische Vorhersage. Sechs Wochen für einen sechsstündigen Blick in die Zukunft – und am Ende kam es aufgrund fehlerhafter Anfangsbedingungen auch noch zu physikalisch sehr unrealistischen Vorhersagen. Dennoch: Der Grundstein der Wettervorhersage, wie wir sie heute kennen, war gelegt. Und gleichzeitig unterstreicht dieser erste Versuch, wie wichtig es ist, das Wetter zuerst korrekt zu diagnostizieren, bevor man es prognostiziert.[2]

Die lange Berechnungsdauer war zunächst ein technisches Problem, auch wenn *computer*, meist Frauen, durchaus in der Lage waren, zeitgleich komplexe Berechnungen von Hand durchzuführen. Der Zweite Weltkrieg und die militärischen Bestrebungen seitens der USA, komplizierte Vorgänge wie zum Beispiel die ballistischen Profile von Waffen schneller analysieren zu können, führten zu technologischem Fortschritt im Bereich der computergestützten Lösung von Gleichungen – und dieser kam insbesondere der Wettervorhersage zugute. In den 1950er-Jahren kam es so zur ersten Einführung numerischer Wettervorhersagemodelle. Diese Modelle nutzen als Grundgerüst die Navier-Stokes-Gleichungen, um das Verhalten der Atmosphäre zu simulieren und Vorhersagen zu generieren. Seitdem macht das Gebiet der Wettervorhersage rasante Fortschritte – auch wenn eine Vorhersage auf Grund der Komplexität des Wetters nie zu 100 Prozent perfekt sein kann.

Wer heute wissen möchte, wie das Wetter wird, kann auf verschiedene Wettervorhersageprodukte zugreifen. Möchte ich wissen, ob ich in einer Stunde trocken mit dem Fahrrad von der Arbeit nach Hause komme? Plane ich, mit der Kollegin am Abend im Biergarten zu sitzen, und möchte wissen, ob ich einen Pullover mitnehmen muss? Oder muss ich für den morgigen Schulausflug meiner Kinder die Regensachen bereitlegen? Auch für meine Wochenendplanung ist eine Wettervorhersage wichtig (wer möchte schon bei Gewitter wandern gehen), und für den Urlaub in zehn Tagen möchte ich die richtigen Anziehsachen raussuchen. Bei der Wettervorhersage ist es also wichtig zu unterscheiden, welcher Zeitraum genau betrachtet wird. In der Meteorologie unterscheiden wir zwischen Nowcasting, Kürzestfristvorhersage, Kurz-, Mittel- und Langfristvorhersage.

Unsicherheiten gehören nicht nur dazu, sie sind sogar ein ganz wesentlicher Bestandteil der Wettervorhersage, denn die Atmosphäre ist ein chaotisches System, das auf kleinste Änderungen sehr empfindlich reagieren kann.

Dass die Wettervorhersage an ihre Grenzen stößt, liegt vor allem daran, dass Beobachtungsdaten nie genau genug sind und so die Anfangsbedingungen gar nicht korrekt vorliegen – da reichen schon

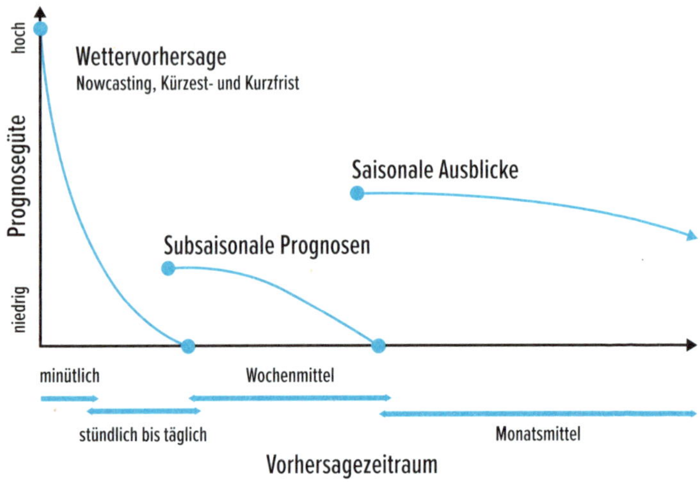

ein kaputter oder zu stark abgenutzter Windmesser oder ein zu langer Zeitraum zwischen Satellitenüberflügen. Außerdem sind unsere Vorhersagemodelle teilweise stark vereinfacht, beispielsweise lassen sich Moleküle in der Luft, die sich dazu auch noch chaotisch bewegen, unmöglich im Detail modellieren. Auch so wichtige Vorgänge wie zum Beispiel Wurmlöcher oder das Innere einer Wolke können nicht kleinskalig genug berücksichtigt werden. Wir nutzen daher »Pakete«, in denen wir große Molekülmengen, Wurmlöcher oder Wolkentropfen in unseren Modellen zusammenfassen und probieren, diese durch die Verwendung anderer Parameter dennoch möglichst genau zu berücksichtigen. Das führt allerdings zu Unsicherheiten, denn so werden immer bestimmte Prozesse vernachlässigt. Gleichzeitig gibt es oft unterschiedliche Ansätze und Vorstellungen, wie diese Vorgänge zu parametrisieren sind. Auch deshalb sind langfristige Prognosen weniger genau als kurzfristige.Das sieht man auch beim Vergleich der unterschiedlichen Vorhersagezeiträume in der vorherigen Abbildung.[3]

Schwierig ist außerdem die Vorhersage von extremen Wetterereignissen, besonders wenn diese lokal begrenzt auftreten – wie Gewitter, Stürme oder Starkregen.

Numerische Modelle, wie sie in der Wettervorhersage genutzt werden, basieren also auf physikalischen Gesetzen und bieten eine mathematische Repräsentation des Systems. Jedoch sind diese Modelle unvollständig oder mit Unsicherheiten behaftet. Trotzdem ist es natürlich möglich, an der Genauigkeit der Vorhersage zu arbeiten. Ein Bereich ist hier die Datenassimilation, bei der es verschiedene Techniken gibt. Alle haben gemeinsam, dass reale Beobachtungsdaten möglichst unmittelbar in die Vorhersagemodelle integriert werden, um so das Modell mit Informationen zum aktuellen Zustand der Atmosphäre zu beliefern. Durch die Kombination von Beobachtungen mit Modellprognosen können Fehler korrigiert und die Vorhersagequalität verbessert werden. Manche Verfahren berücksichtigen hierbei auch die Unsicherheiten sowohl in den Beobachtungsdaten als auch im Modell selbst – denn auch meteorologische Messungen bilden ,wie in der Abbildung zu sehen, nicht die Wahrheit ab.[4]

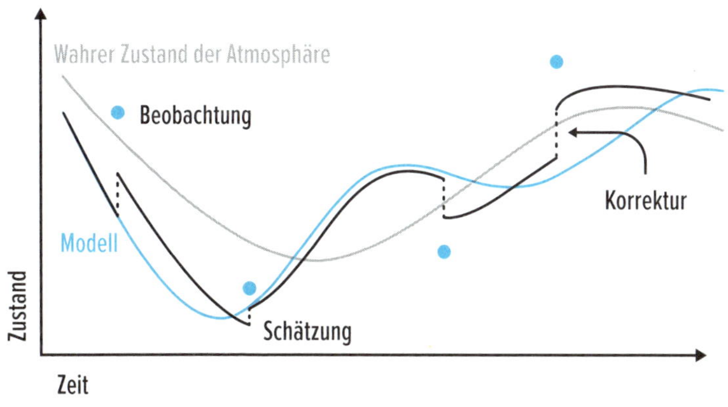

SCHIRM, JA ODER NEIN?

Die vielen Informationen, die uns täglich zur Verfügung stehen, machen es uns möglich, an nahezu jedem Ort der Welt eine Vorhersage für das Wetter zu erhalten, womöglich sogar noch aus mehreren Quellen – so kann man im Grunde selbst entscheiden, welchem Modell man sein Vertrauen schenkt.

In so einem Fall lohnt sich der Blick in ein frühes Werk zur Vorhersage des Wetters, das erschien, schon lange bevor es Wettermodelle gab. Dieses Buch könnte vielleicht sogar den Preis für den längsten Titel gewinnen: *The Shepherd of Banbury's Rules – to judge the Changes of Weather, Grounded on Forty Years' Experience; By which you may know The Weather for several Days to come, and in some Cases for Months* von John Claridge wurde bereits 1670 erstveröffentlicht. Es umfasst ungefähr 30 Wetterregeln, die zum Beispiel klare Zusammenhänge zwischen dem kommenden Wetter und feurig roten Sonnenaufgängen (Hinweis auf Wind und Regen), Wolken wie Felsen und Türme (starke Schauer kündigen sich an) und Wolken, klein und rund wie bei einem Apfelschimmel (bei Nordwind: schönes Wetter für 2 bis 3 Tage), aufzeigen sollen. Dabei muss man berücksichtigen, dass diese Bauernregeln zwar auf 40 Jahren Erfahrung beruhen, gleichzeitig aber auch nur auf ihre Herkunftsregion beschränkt sind: nämlich Oxfordshire. Für mich ist das Schöne hieran, wie in der Meteorologie das Zusammenspiel von Erfahrungswerten und theoretischen wissenschaftlichen Überlegungen erst ein umfassendes Verständnis ermöglicht hat. Ohne Schäfer, Pionierin, Künstler, Mathematikerin wäre die Meteorologie nicht so weit, wie sie es heute ist.

Das Problem mit der Regionalität von solchen Erfahrungswerten besteht allerdings auch heute noch. Denn egal ob Deutscher Wetterdienst oder private Wetterfirmen wie Niederschlagsradar, wetter.com, wetter-online.de und Co: Man muss beachten, dass die Vorhersagen – auch wenn man die eigene Postleitzahl eingibt – sehr ungenau sein können und schon wenige Meter Entfernung, Täler oder Berge es den Wettermodellen schwer machen, eine möglichst genaue Vorhersage zu treffen. Deshalb empfiehlt es sich, ein eigenes Gespür für die örtlichen Gegebenheiten zu entwickeln und einmal über einen längeren Zeitraum hinweg genau zu vergleichen, welches Vorhersagetool am eigenen Wohnort zu welcher Tageszeit bei welcher Witterung wirklich gut funktioniert. Sagt mir Tool 1 immer etwas zu viel Regen vorher, oder liegt Tool 2 oft mit 2 Grad daneben?

Um sich einen Überblick über die aktuelle Wettersituation zu verschaffen, gibt es auch die Möglichkeit, ein Regenradar zu nutzen und sich dazugehörige Satellitenbilder anzuschauen. Damit kann man auch noch kurzfristig, und ziemlich zuverlässig, entscheiden, ob man den Heimweg mit dem Fahrrad antritt, ohne die Regenhose anzuziehen (das Radar ist mein persönliches Lieblingstool - so hat man wenigstens die Chance, trotz vergessenem Schirm trocken nach Hause zu kommen).

Aber was, wenn bei der Fahrradtour das Handy aus Versehen zu Hause geblieben, der Akku leer ist oder - was besonders in Deutschland durchaus vorkommen soll - das Smartphone keinen Empfang hat? In solchen Situationen ist es immer möglich, selbst eine kurzfristige Vorhersage zu treffen.

Für eine Ad-hoc-Wettervorhersage ohne technisches Equipment hilft zunächst ein Blick in die Wolken in Kombination mit einem Gefühl für andere Wettervariablen wie Windstärke und -richtung und Temperatur. Gleichzeitig kommt es natürlich auch auf die Region an, in der ich mich befinde. Denn bestimmte Regionen weisen oft regelmäßig vorkommende Zirkulationsmuster auf.

SCHÖN GEFÖHNT

Angenommen, ihr seid gerade im Urlaub in den Bergen und überlegt, welche Fahrradroute heute vielversprechend sein könnte. Wenn über den Bergen eine linsenähnliche Wolke zu sehen ist und auf eurer Seite das Wetter schön ist, empfiehlt es sich nicht, auf die andere Seite zu fahren, um dort an einem See schwimmen zu gehen. Diese Wolken heißen ihrem Aussehen entsprechend *Altocumulus lenticularis*, umgangssprachlich auch Föhnlinsen oder Föhnfische. Sie können abenteuerliche Formen annehmen und teilweise auch farblich imposant aussehen, wenn sie von der auf- oder untergehenden Sonne angestrahlt werden.

Die Föhnlinse bildet sich als Teil des Föhnprozesses – eines meiner liebsten thermodynamischen Vorgänge, denn er eignet sich hervorragend, um verschiedene meteorologische Aspekte zu erläutern.

Beim Föhn in den Alpen liegt über Süddeutschland ein Tief, auf italienischer Seite ein Hoch. Damit entsteht eine Ausgleichsströmung, die aber die Alpen überqueren muss: Es kommt zu Vertikalbewegungen von Luftmassen, oder besser gesagt, von den darin enthaltenen Luftpaketen. Mit guter Genauigkeit lässt sich diese vertikale Bewegung als adiabatischer Prozess beschreiben: Ändert ein thermodynamisches System, hier also unser Luftpaket, seinen Zustand bei Auf- oder Abstieg adiabatisch, bedeutet das nach dem 1. Hauptsatz für Thermodynamik, dass keine Wärmeenergie mit der Umgebung ausgetauscht wird. Es besteht thermische Isolierung, lediglich der Druck, die Dichte und die Temperatur innerhalb des Luftpakets können sich ändern.

Das bedeutet: Ein Luftpaket beginnt in Norditalien auf der Luvseite, also der dem Wind zugewandten Seite, aufzusteigen, der Umgebungsdruck wird in der Höhe geringer, und das Luftpaket beginnt sich auszudehnen. Da es adiabatisch aufsteigt, findet kein Energieaustausch mit der Umgebung statt – und die dem Luftpaket zur Verfügung stehende Energie muss auf ein größeres Volumen verteilt werden. Die Temperatur sinkt daher mit zunehmender Höhe, und zwar abhängig vom Wasserdampfgehalt der Luft.

Wir unterscheiden drei verschiedene Formen von Luft: trockene, also wasserdampffreie Luft; wasserdampfhaltige, aber noch nicht gesättigte oder auch feuchte Luft; und zuletzt mit Wasserdampf gesättigte Luft. Bei trockener Luft wird die Temperaturveränderung trockenadiabatischer Temperaturgradient genannt und beträgt fast exakt 1 °C/100 m Höhenunterschied. Steigt gesättigte Luft auf, kühlt sie sich ebenfalls ab – allerdings kondensiert durch die Abkühlung der in der Luft enthaltene Wasserdampf, wodurch Kondensationswärme frei und damit das Luftpaket wieder etwas erwärmt wird. Deshalb ist der feuchtadiabatische Temperaturgradient kleiner, nämlich ca. 0,65 °C/100 m.

Unser Luftpaket in Norditalien ist bei 10 °C in 0 m gestartet und erstmal trockenadiabatisch aufgestiegen, bis das Kondensationsniveau in 1000 m erreicht wird: So wird die Höhe in der Atmosphäre bezeichnet, bei der feuchte Luft kondensiert und Wolkenbildung beginnt. In unserem Beispiel ist das also bei 1000 m, hier hat unser Luftpaket noch eine Temperatur von 0 °C. Ab hier steigt es feuchtadiabatisch weiter, bis es den Gipfel in 3000 m erreicht hat: Nun beträgt seine Temperatur nur noch -13 °C. Ab dem Kondensationsniveau kommt es zu Wolkenbildung und insbesondere Niederschlägen, und manchmal bilden sich im Lee der Berge noch *lenticularis* – eben eine dieser lang gestreckten, linsenförmigen Wolken. Der Abstieg des Luftpakets im Lee, also auf der dem Wind abgewandten Seite, erfolgt dann wieder trockenadiabatisch: Jetzt nimmt die Temperatur um 1 °C/100 m zu, und somit hat das gleiche Luftpaket am Ende seiner Reise plötzlich 17 °C, also 7 °C mehr als noch in Italien. Es ist auf der Leeseite also nicht nur wärmer, sondern es ist auch trocken und oft sehr klar mit guter Fernsicht. Gleichzeitig ist gerade dieses Ereignis nicht nur beliebt: Der oft plötzliche Wetterumschwung sorgt je nach-

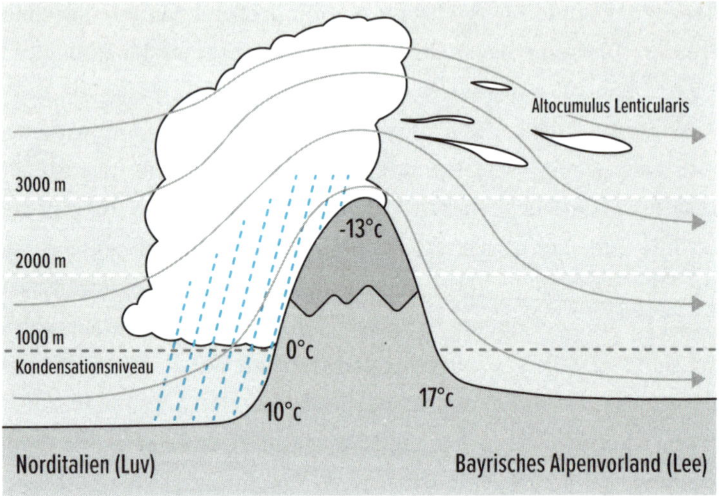

dem für ungewollte Schneeschmelze oder auch gesundheitliche Folgen. Meist entsteht der Föhn in der Nähe von Bergen oder Gebirgen, in seltenen Fällen kann aber auch ein freier Föhn auftreten: Dann braucht es einen sehr stabilen »Berg« aus kalter Luft, über den die bewegliche Luftmasse ersatzweise steigt.

Die Kenntnis über trocken- und feuchtadiabatische Aufstiege ist übrigens auch unabhängig vom Föhn praktisch. Sollte man, ganz hypothetisch gesprochen, einen Freund auf Teneriffa besuchen, der dort einen Sprachkurs macht, liegt man erstmal bei angenehmen 29 °C wenige Meter über dem Meeresspiegel am Strand in Puerto de la Cruz. Es könnte einen die Abenteuerlust packen, so dass man sich entschließt, den Teide, den dritthöchsten Inselvulkan der Erde bei Nacht zu besteigen, um dort am nächsten Tag vom Gipfel den Sonnenaufgang zu bewundern. Hier empfiehlt es sich doch sehr, im Hinterkopf zu behalten, dass der Teide aufgrund seiner Höhe von 3715 m über dem Meeresspiegel einen Temperaturunterschied von konservativ angenommenen 0,65 K/100 m aufweist – das sind über 24 °C

Unterschied. Man muss sich also warm anziehen, wenn man losstiefelt. Leider kommen häufig ahnungslose Touristinnen und Touristen in Shorts und T-Shirt völlig unterkühlt auf dem Gipfel an.*

AUF DAS WETTER IST VERLASS

Ich habe ja schon angedeutet: Ich weiß zwar theoretisch, wo ich all die nötigen Informationen für eine Wettervorhersage finde, aber praktisch stehe ich dennoch manchmal verdient im Regen. Ohne Schirm, versteht sich. Oft genug geht es aber gut, und zwar mit einer der einfachsten Wettervorhersagemethoden der Welt: der Persistenz. Oder anders formuliert: Das Wetter von heute ist das Wetter von morgen. Tatsächlich müssen sich komplexere Vorhersagemodelle an dieser Persistenz messen lassen – denn besonders in stabilen Wetterlagen und in Regionen, die innerhalb eines Tages typischerweise kaum Wetterumschwünge verzeichnen, funktioniert diese Methode erstaunlich gut. Und für die anderen 40 Prozent könnte man auch einfach mal vorsorglich einen Schirm oder eine Mütze einpacken.

Der Wunsch, sich auf das Wetter verlassen zu können, ist seit Jahrhunderten groß. Und genauso lange versuchen wir Menschen schon, Regelmäßigkeiten und wiederkehrende Ereignisse zu erkennen. Wer könnte das besser als Bäuerinnen und Bauern, die tagtäglich mit dem Wetter konfrontiert sind? Und wie verlässlich sind diese Bauernregeln?

* Es steht noch zur Diskussion, ob mir mein Vordiplom in Meteorologie nach diesem Erlebnis abgenommen werden sollte. Der Transfer von Lehrbuch zu realem Leben folgt anscheinend eigenen dynamischen Gesetzen.

Schauen wir uns ein paar dieser Regeln genauer an:

1. »DAS WETTER AM SIEBENSCHLÄFERTAG NOCH SIEBEN WOCHEN BLEIBEN MAG«

Dieses hübsche Bonmot findet sich in vielen Varianten, zum Beispiel »Ist der Siebenschläfer nass, regnet's ohne Unterlass«. Der Siebenschläfertag galt ursprünglich dem Schutzpatronen der Schlaflosigkeit und wurde im julianischen Kalender am 7. oder 8. Juli gefeiert. An diesem Tag, so sagt es eine Legende, die sich sowohl im Islam als auch im Christentum findet, wurden nämlich sieben Brüder in einer Höhle gefunden – lebendig, obwohl sie dort 195 Jahre zuvor vom römischen Kaiser Decius im Zuge einer Christenverfolgung eingemauert worden waren. Mit der Umstellung auf den gregorianischen Kalender fällt der Siebenschläfertag inzwischen auf den 27. Juni. Und wieso wird dieser Tag mit der Witterung der kommenden Wochen in Verbindung gebracht?

THE LOTTERY – DER SIEBENSCHLÄFERTAG MAL ANDERS GESEHEN Die Autorin Shirley Jackson verfasste für eine Ausgabe des Magazins *New Yorker* am 26. Juni 1948 eine Kurzgeschichte, die in einem kleinen amerikanischen Dorf spielt. Die Erzählung beginnt am Morgen des 27. Juni: Die Luft ist klar, die Sonne scheint, und die Dorfgemeinschaft versammelt sich in Erwartung eines schönen Sommertags zu ihrem traditionellen Picknick.* Stoisch wird hier der Tradition wegen eine ganz eigene Form des Siebenschläferrituals abgewickelt, eine Lotterie. Durch das Auslosen einer Person, die dann durch Steinigung geopfert wird, erhofft man sich im Dorf eine positive Auswirkung auf das kommende Wetter und entsprechende Ernteerträge: »Lottery in June, corn be heavy soon«. Ein

* Wer möchte, kann hier nachlesen: https://www.newyorker.com/magazine/1948/06/26/the-lottery

Siebenschläfertag der morbiden Art – und auch wenn diese Geschichte fiktiv ist, geben archäologische Funde durchaus Anlass zur Vermutung, dass diese »Tradition« in der Realität verankert ist. So finden sich in vielen Teilen der Welt Hinweise auf das womöglich wetterbedingte Opfern von Tieren und Menschen.[5]

Es hat sich gezeigt, dass um diesen Zeitraum herum eine stabile Wetterlage entstehen kann, so also tatsächlich aufgrund der Persistenz eine Aussage für einen verhältnismäßig langen Zeitraum getroffen werden kann. Zumindest wenn man für die Vorhersage mehrere Tage um den 27. Juni herum als Ausgangsbasis nimmt, bestätigen heutige Analysen die Aussagekraft dieser Bauernregel: Immerhin mit einer Vorhersagewahrscheinlichkeit von bis zu 70 Prozent, die sogar höher wird, je weniger stark die Region unter meeresklimatischem Einfluss steht. Das gilt zum Beispiel für den mitteleuropäischen Raum, und verantwortlich dafür ist der Jetstream.

Der **JETSTREAM** ist ein starker, schmaler Luftstrom in der oberen Atmosphäre, der sich in der Nähe der Tropopause, der Grenzschicht zwischen der Troposphäre und der Stratosphäre, befindet. Er entsteht durch Temperaturunterschiede zwischen den polaren Regionen und den tropischen Regionen der Erde. Er ist von großer Bedeutung für das Wettergeschehen, da er Einfluss auf die Bewegung von Luftmassen und damit auf die Bildung und Zugbahnen von Hoch- und Tiefdruckgebieten hat. Der Jetstream strömt in einer wellenförmigen Bahn um den Globus und kann Geschwindigkeiten von mehreren Hundert Kilometern pro Stunde erreichen.

2. »KRÄHT DER HAHN AUF DEM MIST, ÄNDERT SICH DAS WETTER, ODER ES BLEIBT, WIE ES IST«

Kurz und schmerzlos. Et kütt, wie et kütt. So könnte man diese Regel auch nach dem Rheinischen Grundgesetz zusammenfassen. Natürlich absolut faktenbasiert und somit eine meiner Lieblingsregeln – besonders wenn es mit der Wettervorhersage für die eigene Gartenparty mal wieder nicht geklappt hat.

3. »DAS IST DIE RUHE VOR DEM STURM«

Mehr ein Sprichwort, aber um 1650 herum finden sich erste Aufzeichnungen zu *weather breedern*, also Wetterzüchtern. Diese sind, so die damalige Vermutung, besonders schöne, ruhige und windstille Tage, an denen sich am Horizont Lichtspiegelungen finden – gefolgt von heftigen Unwettern am Tag darauf. Und tatsächlich: Bei manchen Stürmen trifft das zu. Sturmsysteme benötigen zur Bildung warme, feuchte Luft aus der Umgebung. Diese Luft kann auch aus der Zugrichtung des Sturms kommen. Innerhalb des Sturmzentrums wird diese Luft durch Aufwinde in Wolken in die oberen Schichten der Atmosphäre transportiert und sinkt wieder ab – am Boden kann sie dann eine warme, trockene und insbesondere stabile Schicht bilden, die vermeintliche Ruhe vor dem Sturm. Da die Entstehung von Stürmen sehr komplex ist, gilt das allerdings bei Weitem nicht für alle Sturmsysteme. Dennoch, vor allem an Sommertagen, ein Anlass, sich über eventuell anstehende Sturmwarnungen zu informieren.[6]

4. »BRÜLLT EINE ROBBE IM HAFEN, WÄHREND SIE EINEN OKTOPUS HÄLT, IST DIES EIN ZEICHEN FÜR EINEN NAHENDEN STURM«

Ja, richtig gelesen, diese Bauernregel findet sich im der Wetterkunde gewidmeten Werk *De Signis* von Theoprastus von Eresos, einem griechischen Philosophen und Naturforscher aus dem 4. Jahrhundert v. Chr. Nun muss man sagen, ein Oktopus steht durchaus auf dem Speiseplan von Robben, und sie halten ihn fest, um ihn weich zu klopfen und besser verdauen zu können. Insofern ist dies zwar ein schönes Beispiel für eine Bauernregel, aber wohl eher aus einem zufällig aufgetretenen zeitlichen Zusammenhang entstanden. Dass auf Oktopus speisende Robben Stürme folgen, gilt als sehr unwahrscheinlich.

5. »WENN DER ZAPFEN SEINE SCHUPPEN SCHLIESST, DER HIMMEL BALD DIE BLUMEN GIESST«

Tannenzapfen, oder vielmehr ihre Schuppen, können in der Tat eine Auskunft über das Wetter geben. Als Teil eines natürlichen Mechanismus reagieren sie auf steigende Luftfeuchtigkeit und insbesondere Regen: Bei feuchter Luft quillt das Holz der Zapfen auf und schließt so die Schuppen, um die darunter liegenden Samen vor Fäulnis zu schützen. Scheint die Sonne wieder, öffnen sich auch wieder die Zapfen. Man kann sich sicher darüber streiten, ob das Beschreiben eines natürlichen, biologischen Vorgangs eine Bauernregel darstellt: In jedem Fall ein hilfreiches Indiz auf Regenwetter.[7]

6. »WENN DER MOND MIT HOFE SCHEINT, WART' NUR, BALD DER HIMMEL WEINT«

Um Mond und Sonne können sich verschiedene Erscheinungen bilden: Halos und Koronas, Letztere werden auch Hof genannt. Beide können, insbesondere wenn sie nacheinander auftreten, auf einen Wetterumschwung hindeuten.

Halos entstehen wenn sich Sonnenlicht an Cirren, also hohen Eiswolken bricht: Ein Lichtring entsteht. Diese Cirren finden sich unter anderem als Vorboten vor heranziehenden Tiefdruckgebieten. Im weiteren Verlauf des Tiefdruckgebiets bilden sich hieraus dicke, kompakte Regenwolken in ungefähr 3–5 km Höhe. Hier wird das Licht also an Wasserteilchen gebeugt und nicht wie bei den Cirren an Eisteilchen gebrochen: Eine Korona entsteht, die sich wie eine verschwommene Lichtscheibe dicht um Mond oder Sonne legt. Je gleichmäßiger die Wassertröpfchen, desto runder und klarer abgegrenzt ist diese. Allerdings: Halo und Korona können einzeln durchaus auch »einfach so« bei vorhandenen Wolken auftreten, deshalb ist die Treffsicherheit dieser Bauernregel höher, wenn in den Stunden zuvor auch Halos zu sehen waren.[8]

Zusammenfassend lässt sich also sagen: Bauernregeln sind durchaus sehr nützliches Schwarmwissen, das auf teils jahrhundertelanger Erfahrung beruht. Besondere Aufmerksamkeit galt bei den Bauernregeln den oft schnelllebigen und mit verheerenden Begleiterscheinungen einhergehenden Wetteränderungen.Gleichzeitig haben sie aber auch einen regionalen Charakter. Und im Zweifelsfall sind sie einfach nur eine Art von Humor, um den Widrigkeiten des Wetters wenigstens mit einem Fünkchen positiver Energie entgegenzutreten.

WEISS DIE SCHWALBE MEHR ALS WIR?

In der heutigen Wettervorhersage ist schon vieles möglich. Und doch fällt bei bestimmten Phänomenen auf, dass es eine Form von Wettervorhersage gibt, die wir Menschen nur in Teilen nachvollziehen können: Wer mit Haustieren zusammenlebt, hat vielleicht am Verhalten des eigenen Tieres schon mal erkannt, dass ein Gewitter naht. Auch die viel gerühmte Schwalbe spielt in unseren Breitengraden bei Wetterregeln eine wichtige Rolle: Weiß sie wirklich mehr als wir?

Manche Tiere besitzen in der Tat eine oft bemerkenswerte Fähigkeit, Veränderungen in ihrer Umwelt wahrzunehmen, und das Wetter ist hier keine Ausnahme. Bestimmte Tierarten reagieren empfindlich auf Wetterveränderungen, ändern dadurch ihr Verhalten oder passen ihr Aktivitätsniveau an.

So können Tiere potenziellen Gefahren ausweichen – und zwar

schon bevor wir Menschen etwas merken. Dabei ist noch gar nicht klar, wieso genau Tiere so früh spüren können, dass etwas in der Luft liegt.

Die genauen Mechanismen, wie Tiere Veränderungen von Luftfeuchtigkeit, Temperatur, Luftdruck, Tageslänge und anderen meteorologischen Parametern wahrnehmen, sind noch nicht vollständig verstanden und können von Art zu Art variieren. Einige Tiere verfügen über spezielle Sinnesorgane oder Sensoren, die ihnen helfen, Wetterveränderungen zu erkennen. Andere können aufgrund ihrer natürlichen Verhaltensmuster und Instinkte auf das Wetter reagieren.

Die Verhaltensforschung an Tieren soll durch das ICARUS-Projekt, oder auch International Cooperation for Animal Research Using Space, in ein neues Zeitalter geführt werden und unter anderem die Frage beantworten: Welche Tiere reagieren auf welche Wetteränderungen – und warum?[9] Hierzu werden verschiedene Tierarten mit Minisendern ausgestattet, deren Messungen satellitengestützt im All empfangen werden. Hierbei werden nicht nur Orts- und Bewegungsdaten erfasst, sondern auch Informationen über das Tier selbst: Die Körpertemperatur, Blutdruck, Puls oder sogar Zucker- und Sauerstoffgehalt des Bluts können übermittelt werden. Unterstützt durch kleine Kameras wird man sogar erkennen können, welche Nahrung aufgenommen wird. Zusätzlich übermitteln die Sender auch Daten wie die Umgebungstemperatur, Luftdruck, Wind- oder Strömungsgeschwindigkeiten. Diese sollen dann mit satellitengestützten Messungen und den Beobachtungen an umliegenden Wetterstationen kombiniert werden, um ein möglichst umfassendes Bild zu erhalten.

Dadurch erhofft man sich eine Verbesserung von Frühwarnsystemen, die Mensch und Tier zugutekommen sollen. Noch liegen keine endgültigen Ergebnisse vor, aber es gibt bereits einige Studien, die das Verhalten von Tieren in Zusammenhang mit Wetterereignissen bringen.

So wurde in Florida schon mehrfach beobachtet, dass mit Peilsendern versehene Haie frühzeitig auf Sturmereignisse reagieren: Sie tauchen in tieferes Wasser ab, und zwar bereits bevor der Sturm die Küste erreicht. Es wird vermutet, dass die Haie hier auf eine Absenkung des Luft- und Wasserdrucks reagieren und sich so vor den Auswirkungen des Sturms schützen.[10]

Auch am Verhalten des *Pacific chorus frog*, also des Pazifischen Singfrosches (*Pseudacris regilla*), lässt sich schon vor Eintritt des Ereignisses eine erhöhte Regenwahrscheinlichkeit erkennen: Die Männchen beginnen nämlich mehrere Stunden vor Auftreten von Niederschlagsereignissen damit, Laute von sich zu geben.

Und was hat es eigentlich mit dem Wetterfrosch im Glas auf sich? Woher kommt das mit dem Frosch, wurden in der Vergangenheit wirklich Frösche in Gläsern beobachtet?

In der Theorie funktioniert das mit dem Wetterfrosch so: Ein Frosch, bevorzugt europäischer Gattung wie zum Beispiel der Laubfrosch, sitzt in einem Glas mit Leiter. Kommt die Sonne heraus und erwärmt die Lufttemperatur, fliegen Insekten höher – und da der Frosch, so muss es wohl sein, um ihn sinnvoll als Wettervorhersagetool nutzen zu können, ständig Hunger hat, klettert er die Leiter hinauf. Ich habe lange gesucht, ob irgendwann je ein Meteorologe oder eine Meteorologin ernsthaft zu diesem Zweck einen Frosch im Glas gehalten hat. Tatsächlich gibt eine nicht näher verifizierbare Quelle an, dass 1810 in einem Laden in England ein Glas mit Frosch zur Wetterbeobachtung verkauft wurde. Dennoch findet sich in der wissenschaftlichen Literatur wenig zum Zusammenhang von Laubfrosch, Leiter und Gläsern – obwohl auch Laubfrösche dabei beobachtet werden, je nach Wetterlage Bäume emporzusteigen. Lediglich ein Bericht im *Quarterly Journal of Science, Literature and Art* aus dem Jahr 1829 erwähnt, dass offensichtlich zwei Frösche der Art *Rana arborea* im Posthaus zu Schwetzingen in einem Terrarium gehalten wurden. Der Boden des Gefäßes war mit Wasser bedeckt, und eine kleine Leiter ermöglichte den Fröschen das Klettern. Dort hatte man wohl öfter beobachtet, dass die beiden Frösche nach oben stiegen, kurz bevor das Wetter schön wurde – und hinab ins Wasser gingen, wenn es schlecht wurde. Ein Glas wäre aber zu klein, um diesen Effekt nachzustellen.

Wer tatsächlich bei gutem Wetter aufsteigt, ist die Schwalbe, oder vielmehr: die Nahrung der Schwalbe. So heißt es auch: »Wenn die Schwalben niedrig fliegen, werden wir bald Regen kriegen. Fliegen sie bis in die Höh'n, bleibt das Wetter weiter schön.« Pollen, Bakterien und kleinste Tierchen werden mit der Luft mitgetragen, anstatt sich selbst zu bewegen. Gutes Wetter trifft oft mit sonnigen Hochdruckwetterlagen zusammen – hier steigt die warme Luft auf und befördert deshalb viele der Organismen mit sich in die Höhe. Die Schwalbe fliegt hinterher und kreist am Himmel. Verringert sich der Einfluss des Hochdruckgebiets, sinkt auch das Futter zu Boden – und die Schwalbe begibt sich auf niedrigere Flugbahnen.[11]

Selbstverständlich gilt auch hier: Das Verhalten der Schwalben kann auch von anderen Faktoren wie der Tageszeit abhängen, da es beispielsweise frühmorgens bei schönem Wetter kaum Aufwinde gibt. Erst nach einigen Stunden Sonnenschein kann sich thermische Wirkung entfalten. Dennoch lässt sich sagen: Die emsige Schwalbe ist wohl eher als Wetterindikator geeignet als der grüne Laubfrosch. Und ins Glas sperren sollte man beide nicht.

Gesundes Wetter?!

Wieso bin ich eigentlich Meteorologin geworden? Das liegt sicher schon an der Straße, in der ich als Kind groß geworden bin: Wer »Im Himmelreich« wohnt, muss wenigstens Meteorologie studieren, wenn nicht sogar ins All fliegen. Das ist also klar. Die Tatsache, dass mir in der Schule die naturwissenschaftlichen Fächer mehr lagen als Pädagogik und Geschichte, könnte ebenfalls ihren Teil dazu beigetragen haben. Eigentlich bin ich per Zufall auf dieses Fach gestoßen, als im letzten Schulhalbjahr vor dem Abitur ein Schnuppertag an der Universität Bonn angeboten wurde. Kann man ja mal hingehen, dachte ich, und als es galt, zwei Workshops auszuwählen, habe ich Mathematik und Meteorologie angekreuzt – Letzteren aus Neugier. Im ersten Workshop bin ich aus allen Wolken gefallen, als es darum ging, »Knoten und ihre Eigenschaften« mathematisch zu betrachten. Mehrdimensional, versteht sich. Verstanden habe ich gar nichts. Am Nachmittag ging es in die Meteorologie – klein, familiär, der Professor in professoralem Cordlook stellte erstmal einen Teller Kekse auf den Tisch. Von Physik der Atmosphäre war die Rede, theoretischer Physik und im praktischen Teil von Experimenten und Wetterbeobachtung, dazu noch der Erwerb von IT-Kenntnissen und ein bisschen Chemie – die Kombination erschien mir sehr faszinierend. Und Mathematikvorlesungen waren damals wie heute ein großer Bestandteil des Studiums, insofern musste ich auf das Gefühl, gnadenlos fehl am Platz zu sein, auch in Zukunft nicht verzichten. Eigentlich war ich dem Medizinstudium auch nicht abgeneigt – aber die Vorstellung, aus dem Hörsaal zu treten und vor der Tür sofort zu sehen, was gerade noch theoretisch betrachtet wurde, erschien mir verlockend.

So kam es, dass ich in Erwägung zog, dieses Fach zu studieren. Eine Pro- und Kontraliste musste her. Pro: interessante Fächerkombination, anwendbares Wissen, gute Zukunftsaussichten. Und – das muss man fairerweise dazusagen – kein NC-Verfahren. Ich konnte also selbst entscheiden, an welcher der wenigen Universitäten in Deutschland ich studieren wollte. Kontra: nicht Medizin. Bis mir irgendwann auffiel: Auswirkungen auf den menschlichen Körper hat das Wetter ja auch, und sicher wird es dazu auch wissenschaftliche Auseinandersetzungen geben. Also wurde es die Meteorologie – mehr als ein guter Kompromiss, so schien es mir.

Tatsächlich ist es mit der Medizin und der Meteorologie schwierig. Die Meteorologie ist ohnehin schon ein kleines Fach, und innerhalb dessen stellt die Medizin- oder Biometeorologie, also die Untersuchung der Auswirkungen von Wetter und Klima auf Menschen, Pflanzen und Tiere, eine noch kleinere Nische dar. Es ist extrem kompliziert, Studien zu Wetterfühligkeit durchzuführen – denn die vielfältigen Variablen zu kontrollieren, die neben dem Wetter noch eine Rolle spielen, ist gar nicht so einfach.

So nachlässig dieses Thema aufgrund seiner Komplexität manchmal behandelt wird, ist es doch für mich mit eine der spannendsten Fragen: Was macht das Wetter mit unserem Körper?

BIOMETEOROLOGIE DES MENSCHEN

Als ein Teilgebiet der Meteorologie untersucht die Biometeorologie, wie lebende Organismen direkt, aber auch indirekt durch Prozesse in der Atmosphäre beeinflusst werden. Zu den lebenden Organismen zählen auch Pflanzen und Tiere, geht es um uns Menschen, braucht es ein weiteres Teilgebiet: das Feld der Human-Biometeorologie oder auch Medizin-Meteorologie. Hier lassen sich die Auswirkungen des Wetters auf den Menschen mit verschiedenen Methoden beobachten. Denn sowohl die geistige und körperliche Leistungsfähigkeit als auch das allgemeine Wohlbefinden können sich unter dem Einfluss des Wetters ändern. Außerdem gibt es noch verschiedene Krankheiten und Symptome, die durch bestimmte Wetterbedingungen verschlimmert, verbessert oder überhaupt erst verursacht werden – sogar einige Änderungen in der Mortalität, also der Sterblichkeit der Bevölkerung, können auf Wetter zurückgeführt werden. In der Human-Biometeorologie werden die verschiedenen meteorologischen Variablen und Wetterereignisse, die für unsere Gesundheit eine Rolle spielen können, in vier unterschiedliche Wirkungskomplexe unterteilt.[1]

AKTINISCHER WIRKUNGSKOMPLEX

Aktinisch bedeutet »durch Strahlung hervorgerufen«, somit enthält der aktinische Wirkungskomplex alle Komponenten der biologisch wirksamen Sonnenstrahlung. Hierzu gehören infrarote Strahlung, sichtbares Licht sowie Strahlung im ultravioletten Bereich. Infrarotstrahlung wird oft auch als Wärmestrahlung bezeichnet – der Körper absorbiert die einfallende Strahlung, erwärmt sich und kann so zum Beispieleine verbesserte Durchblutung gewährleisten. Auch sichtbares Licht beeinflusst uns, vor allem unseren Tagesablauf. Denn es steuert unseren Biorhythmus, unseren Hormonhaushalt und wirkt sich dadurch auch auf Stimmung und Leistungsfähigkeit aus.

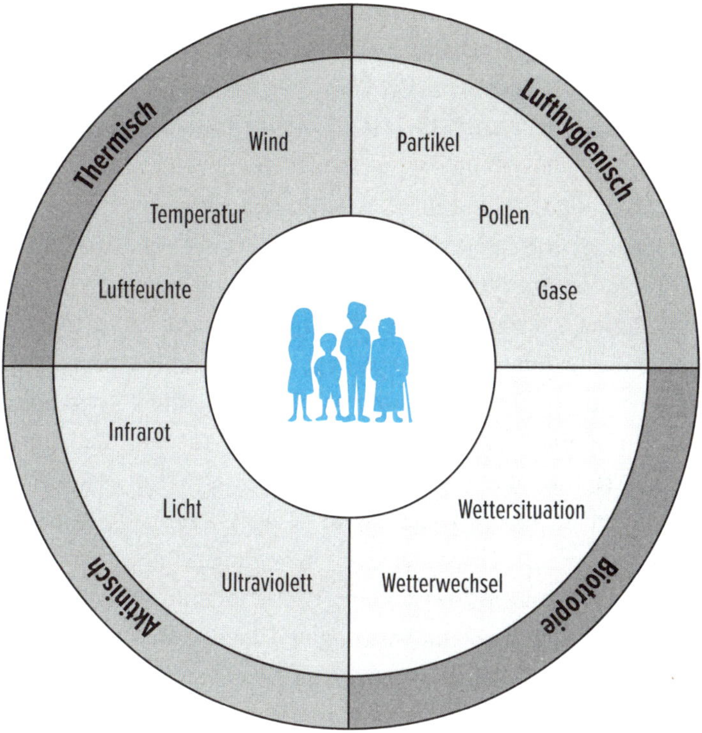

Die UV-Strahlung kann an der Erdoberfläche in UV-A- und die energiereichere UV-B-Strahlung unterteilt werden. UV-Strahlung, insbesondere die UV-B-Strahlung, kann die Hautzellen schädigen: Eine kurzfristige Auswirkung von UV-Strahlung auf die Haut ist zum Beispiel ein Sonnenbrand. Auf längere Sicht trägt diese Strahlung außerdem zur Hautalterung bei und kann die Entstehung von Hautkrebs begünstigen. Auch Augenkrankheiten wie Katarakte, also Grauer Star, und Netzhautschäden können durch UV-Strahlung verursacht werden. Die Auswirkungen von UV-Strahlung auf die Gesundheit werden nicht nur durch die Expositionsdauer und -intensität beeinflusst, sondern auch durch verschiedene weitere Faktoren, wie zum Beispiel Hauttyp und Alter.

Der UV-Index gibt hierbei Auskunft über die zu erwartende UV-Strahlung zu verschiedenen Zeiten an verschiedenen Orten, denn die Stärke der Belastung hängt vom Breitengrad, der Tageszeit und der Jahreszeit ab. Auch mit der Höhe nimmt die Belastung durch die UV-Strahlung zu: nämlich um etwa 10 Prozent pro 1000 Höhenmeter. Lokal gibt es eine weitere Liste von Faktoren, die die negativen Auswirkungen leider verstärken können: Schnee reflektiert bis zu 80 Prozent der UV-Strahlung, Sand immerhin bis zu 25 Prozent, und auch dünne Wolkendecken oder Nebel können zu Streustrahlung führen, die die Belastung weiter erhöht. Dagegen schützen uns Schatten oder auch dichte Bewölkung vor 90 Prozent der UV-Strahlung, und wer hinter Fenstern bleibt, ist ebenso geschützter als jemand, der im Freien arbeitet.

Und wie so oft im Leben ist nicht alles an der UV-Strahlung schlecht: Denn UV-B-Strahlung ist ein wichtiger Faktor für die Bildung von Vitamin D. Dieses körpereigene Vitamin ist Teil unseres Kalzium- und Phosphatstoffwechsels und damit zum Beispiel für unsere Knochen und Zähne wichtig. Auch beim Verlauf von schweren und chronischen Krankheiten könnte Vitamin D eine Rolle spielen. In unseren Hautzellen befindet sich nämlich das Provitamin D3, welches erst durch UV-B-Strahlung in das Prävitamin D3 umgewandelt wird. Hieraus wird dann über weitere Stoffwechselprozesse in der Leber das Vitamin D gebildet, und zwar 80 bis 90 Prozent des von uns benötigten Vitamins. Die Ernährung übernimmt die fehlenden 10 bis 20 Prozent: Fettreiche Fische wie Lachs oder Hering, Eigelb und der ein oder andere Speisepilz sind gute Vitamin-D-Lieferanten.[2]

Im Frühling, Sommer und Herbst braucht es keine besondere Anstrengung, um ausreichend UV-B-Strahlung aufzunehmen: Es reicht schon aus, Gesicht, Hände und die unbedeckten Unterarme direkt in die Sonne zu halten – für die Hälfte der für den eigenen Hauttyp empfohlenen Eigenschutzzeit und nur maximal zwei- bis dreimal pro Woche. Im Winter sieht es dagegen in unseren Breiten schlecht aus:

Hier kann selbst bei ausgewogener Ernährung ein Mangel entstehen. Ein Solarium aufzusuchen ist dann allerdings eine schlechte Idee, da hier die UV-Belastung meist um ein Vielfaches höher ist als unter natürlichen Bedingungen. Was also tun? Wer nicht wie ein Zugvogel gen Süden ziehen kann und möchte, kann dem Vitamin-D-Mangel unter ärztlicher Aufsicht mit Nahrungsergänzungsmitteln oder Tageslichtlampen entgegentreten.

THERMISCHER WIRKUNGSKOMPLEX

Zusätzlich zur Strahlung beeinflusst das Wetter auch, wie wir Menschen Wärme abgeben und aufnehmen. Der thermische Wirkungskomplex beinhaltet die Variablen, die für den Austausch von Wärme zwischen Mensch und Atmosphäre zuständig sind: Lufttemperatur, Luftfeuchte und die Windgeschwindigkeit. Genau wie die Erdoberfläche haben auch wir Menschen eine Energiebilanz: Verschiedene Prozesse helfen unserem Körper dabei, eine optimale Temperatur von ungefähr 37 °C zu halten. Zur Thermoregulation gehören zum Beispiel die Atmung, das Verdunsten von Schweiß oder unsere Kleidung. Aber auch die Strahlung der direkten Mittagssonne oder ein günstiger Wind beeinflussen neben Bewegung und Aktivität unsere Fähigkeit zur Thermoregulation.

Um das Zusammenspiel der Variablen innerhalb des thermischen Wirkungskomplexes zu beschreiben, gibt es verschiedene Indizes, die in unterschiedlichen Regionen der Welt in der Wettervorhersage verwendet werden. Sie geben die sogenannte gefühlte Temperatur an, die beschreibt, wie sich die Temperatur aufgrund des Einflusses dieser Variablen auf den menschlichen Körper anfühlt. Sie wird normalerweise in Celsius oder Fahrenheit angegeben und kann sowohl niedriger als auch höher als die gemessene Lufttemperatur sein.

Weht zum Beispiel ein starker Wind, kann Wärme schneller vom Körper abgeführt werden, was dazu führt, dass die Temperatur niedriger erscheint, als sie tatsächlich ist. Dies wird im Windchill-Effekt berücksichtigt, der in manchen Regionen unter 10 °C verwendet wird: Je höher die Windgeschwindigkeit bei einer bestimmten Temperatur ist, desto niedriger ist die gefühlte Temperatur. Zum Beispiel kann bei einer tatsächlichen Temperatur von 0 °C und einer vergleichsweise hohen Windgeschwindigkeit von 60 km/h die gefühlte Temperatur bei fast -10 °C liegen. Doch schon bei Windgeschwindigkeiten von 10 km/h setzt bereits ein merklicher Effekt ein.

Gleichzeitig findet der Humidex Anwendung, der bei hohen Temperaturen zusätzlich zur Lufttemperatur auch die relative Luftfeuchtigkeit berücksichtigt. Der menschliche Körper reguliert die eigene Temperatur über unser zentrales Steuerungssystem für das vegetative Nervensystem, den Hypothalamus. Wird darüber gemeldet, dass die Körpertemperatur zu sehr ansteigt, weiten sich die Blutgefäße, und die 2 bis 4 Millionen Schweißdrüsen werden aktiviert. Tritt Schweiß auf die Haut, verdunstet dieser dort bestenfalls – um Wasser von einem flüssigen in einen gasförmigen Zustand zu versetzen, benötigt es Energie. Und diese wird dem Körper entzogen, das Blut an der Oberfläche der Haut kühlt ab – und reguliert so die Temperatur im ganzen Körper nach unten. Nach einem heißen Tag noch schnell kalt duschen, um sich vor dem Schlafen abzukühlen, ist deshalb gar keine so gute Idee: Besser wäre es, mindestens lauwarm baden zu gehen, dann verdunstet nämlich das Wasser nach dem Ausstieg aus der Badewanne und kühlt den Körper effektiver herunter.[3]

Ist allerdings die Luftfeuchtigkeit schon sehr hoch, kann wenig bis keine zusätzliche Feuchtigkeit von der Luft aufgenommen werden – der Schweiß kann nicht verdunsten und bleibt einfach auf der Haut. Auch wenn die Lufttemperatur die gleiche ist, fühlt es sich also bei hoher Luftfeuchte wärmer an als bei niedrigerer – so kann die gefühlte auch höher als die tatsächliche Temperatur sein.

In Wettervorhersagen findet sich oft eine Angabe für diese gefühlte Temperatur. Denn hierfür gibt es ebenfalls Modelle, die die Kombination von Temperatur, Wind, Feuchte und auch Strahlung berücksichtigen – eine wichtige Angabe, denn bei einer vollständigen Wolkenbedeckung können sich 18 °C ganz anders anfühlen als im windgeschützten Strandkorb an einem wolkenfreien Tag. So gibt der Deutsche Wetterdienst eine Vorhersage für Schwüleempfinden aus, hier sind besonders feucht-warme Regionen auf einer Karte gekennzeichnet.

Diese Art von Indizes wird verwendet, um bei Vorhersagen die Auswirkungen von Temperatur und anderen meteorologischen Variablen auf den menschlichen Körper besser in Handlungsempfehlungen übersetzen zu können. Wichtig für Menschen, die viel im Freien tätig sind und das Risiko von Unterkühlung oder Hitzestress abschätzen müssen. Sie können auch bei der eigenständigen Beurteilung der Wetterbedingungen und der Planung von Aktivitäten im Freien hilfreich sein – ist es 16 °C und sonnig auf der Nordseeinsel, packe ich bei starken Böen vielleicht doch lieber eine Jacke ein. Umgekehrt ist eine Temperatur von 28 °C allein vielleicht noch kein Grund zur Beunruhigung. Kommen aber eine hohe Luftfeuchte und Windstille hinzu, erreiche ich womöglich eine gefühlte Temperatur von 34 °C – und verschiebe die anstrengende Wanderung lieber auf einen Tag mit weniger Wärmebelastung.

Die gefühlte Temperatur ist eine sogenannte äquivalente Temperatur und beschreibt, wie sich die aktuellen Bedingungen in die Lufttemperatur einer Referenzumgebung übersetzen lassen würden. Das klingt kompliziert, lässt sich mithilfe eines Beispiels aber gut nachvollziehen.

Disclaimer: Bei den zugrunde liegenden Modellen des Deutschen Wetterdienstes wurde ein »Norm-Mensch« betrachtet, der Klima-Michel. 175 cm groß, 75 kg schwer und mit einer für 35-jährige Männer durchschnittlichen Stoffwechselrate von M = 172.5 W/m^2 kann er seine Bekleidung entsprechend der Jahreszeit anpassen und sich mit etwa 4 km/h fortbewegen. Hier werden also einige Annahmen getroffen, die für den eigenen Körper nicht unbedingt gelten müssen:

Gefühlte Temperatur in °C	Thermisches Empfinden	Thermophysiologische Beanspruchung
>38	Sehr heiß	Extreme Wärmebelastung
32 bis 38	Heiß	Starke Wärmebelastung
26 bis 32	Warm	Mäßige Wärmebelastung
20 bis 26	Leicht warm	Schwache Wärmebelastung
0 bis 20	Behaglich	Komfort möglich
−13 bis 0	Leicht kühl	Schwacher Kältestress
−26 bis −13	Kühl	Mäßiger Kältestress
−39 bis −26	Kalt	Starker Kältestress
< −39	Sehr kalt	Extremer Kältestress

Während leichte Kältereize sogar positiv genutzt werden können, wie zum Beispiel bei der Kneipptherapie, ist thermischer Stress im Allgemeinen eine Belastung für den Körper. Seine physiologischen Auswirkungen sind gut untersucht. Egal ob Kälte oder Hitze, thermischer Stress stellt eine Belastung für das Herz-Kreislauf-System dar: Bei Hitze erweitern sich die Blutgefäße, was zu einem niedrigeren Blutdruck führen kann. Auch die Wahrscheinlichkeit zu dehydrieren steigt, was Müdigkeit, Kopfschmerzen, Schwindel und verminderte körperliche Leistungsfähigkeit zur Folge haben kann. In schweren Fällen kann eine übermäßige Belastung durch Hitze zu Hitzeerschöpfung oder – wenn der Körper eine zu hohe Kerntemperatur erreicht und die Wärmeregulation aussetzt – zu Hitzschlag führen.

Besonders in unseren Breitengraden verdient das Thema Temperaturstress mit Blick auf die kommenden Jahrzehnte definitiv mehr Aufmerksamkeit. Denn tatsächlich sind zum Beispiel im Jahr 2021 weitaus mehr Menschen an den Folgen der Hitzewelle im Sommer gestorben als an einer Corona-Infektion.[4] So soll es seitens der Bundesregierung zukünftig bundesweite Hitzepläne als Instrument zur Vorbereitung und Bewältigung von Hitzeereignissen geben. Hier geht es um den Schutz der Gesundheit, das Etablieren von Frühwarnsystemen, die Anpassung von Infrastruktur und insbesondere auch die Sensibilisierung der Kommunikation – denn viel zu oft heißt es selbst nach vier Tagen Hitzewelle im Radio noch: perfektes Freibadwetter!

LUFTHYGIENISCHER WIRKUNGSKOMPLEX

Der lufthygienische Wirkungskomplex betrifft die Luftbeimengungen, also kleinste Partikel und Staubteilchen, die der Luft zugeführt werden und entweder einen natürlichen oder einen menschengemachten Ursprung haben. Zu den natürlichen Lufteinträgen gehören zum Beispiel Pollen (Gräser! Birke! Haselnuss!), die durch den Wind verbreitet werden. Während Pflanzen sich durch den Pollenflug einfach nur vermehren wollen, rufen diese Pollen je nach Art und je nach Empfänger:in ganz unterschiedliche Abwehrreaktionen hervor: Und so manch ein Immunsystem reagiert über.

Schätzungsweise 15 Prozent der Bevölkerung sind durch eine Pollenallergie beeinträchtigt, je nach Saison unterschiedlich stark. Deshalb gibt es auch Wetterdienste, die den Pollenflug für den nächsten Tag vorhersagen, um entsprechende vorbeugende medikamentöse Behandlung oder auch Vermeidung von Outdooraktivitäten möglich zu machen. Für eine gute Vorhersage braucht man ja aber immer auch eine gute Beobachtung: Wie funktioniert das bei Pollen? Tatsächlich wird die Pollenaktivität seit vielen Jahren an neun Referenzstationen in Deutschland durch die Stiftung Deutscher Polleninformationsdienst beobachtet und in Menge und Art verzeichnet. Gleichzeitig dienen diese täglichen Pollenzählungen dem Deutschen Wetterdienst als Basis für die Pollenbelastungsvorhersagen. Für die Messung wird eine Pollenfalle (auch Burkard-Falle genannt) aufgestellt, die aus der jeweils vorherrschenden Windrichtung kontinuierlich Luft ansaugt. Die eingesaugten Pollen haften auf einem Streifen im Inneren der Falle, und dieser wird dann »einfach« unter dem Mikroskop ausgewertet. Hierbei werden mindestens acht unterschiedliche Arten berücksichtigt – und das für jeden Tag an neun Standorten!

Die Natur hat aber auch positive Luftbeimengungen zu bieten, zum Beispiel salzhaltige Schwebeteilchen in der Nähe von Ozeanen oder auch flüchtige organische Substanzen im Wald: *Shinrin-yoku* ist japanisch für »Baden im Wald« – und wird als präventive Maßnahme an mindestens zwei Tagen pro Monat empfohlen. Der Spaziergang durch den Wald hat eine lange Liste an positiven Auswirkungen: Verbesserter Blutkreislauf Puls und Atmung stabilisieren sich, Schlafstörungen und psychische Belastungen können sich verringern, das Wohlbefinden steigt.[5]

Aber was ist mit anderen Teilchen in der Luft? Feinstaub zum Beispiel besteht aus winzigen Partikeln, die in der Luft schweben und eingeatmet werden können. Diese Staubteilchen werden je nach Größe in drei Klassen unterteilt. PM10 (angelehnt an die englische Bezeichnung für Feinstaub *Particulate Matter*) sind dabei Partikel mit einem Durchmesser von 10 Mikrometern oder weniger: Das sind 0,00001 oder auch 10 Millionstel Meter. PM2,5 ist dann entsprechend Feinstaub mit Partikeln, die einen Durchmesser von 2,5 Mikrometern und weniger haben, und zuletzt folgt die Kategorie Ultrafeinstaub mit PM0,1 – 0,1 Mikrometer und kleiner. Zum Vergleich: Ein durchschnittliches Haar ist ungefähr 55 bis 70 Mikrometer dick.

Und auch wenn wir den Feinstaub nicht direkt sehen können: Er wirkt sich auf unsere Körper aus, besonders in der Stadt an dicht befahrenen Straßen. Diese Partikel können in die Lungen gelangen und dort Entzündungen und Schäden verursachen, wie zum Beispiel Bronchitis und Asthma. Feinstaub kann auch in den Blutkreislauf gelangen und zu systemischen Entzündungen führen, die mit verschiedenen gesundheitlichen Problemen in Verbindung gebracht werden, wie etwa Herz-Kreislauf-Erkrankungen, Schlaganfall und Diabetes. Ist man Feinstaub langfristig ausgesetzt, kann das sogar zu chronisch obstruktiver Lungenerkrankung (COPD) und Lungenkrebs führen. Und wo kommt der Feinstaub her? Laut Umweltbundesamt entfallen etwa 20 Prozent auf den Verkehr – der Rest stammt aus Industrie, Abfallwirtschaft, Landwirtschaft und dem heimelig brennenden Kamin im Wohnzimmer. Vor 30 Jahren war mir als Kind beim Auto-Malen eines klar: Möglichst schwarz und böse sollte der Auspuffqualm aussehen – und damals stimmte das auch. Heute entfällt der weitaus größere Feinstaubanteil auf den Abrieb von Bremsen, Reifen und Straßenbelag. Die Gefahr von Feinstaub und Stickoxiden auf die weltweite Bevölkerung ist so gravierend, dass schon lange Grenzwerte für diese Luftschadstoffe existieren – die von der Weltgesundheitsorganisation (WHO) eingeführten Grenzwerte für Feinstaub werden aber für 99 Prozent der Weltbevölkerung regelmäßig überschritten. Somit ist Luftverschmutzung laut verschiedenen Studien für bis zu 9 Millionen verfrühte Todesfälle pro Jahr verantwortlich.[6]

GEFÜHLTES WETTER

Schon Hippokrates hat geschrieben: »Wer die Heilkunst in der rechten Weise ausüben will, der muss zunächst die Jahreszeiten in ihrer Wirkung betrachten, dann die warmen und die kalten Winde, vor allem die, welche für alle Menschen gemeinsam sind, aber auch die, welche in jedem einzelnen Lande zu Hause sind.«[7]

Es scheint also schon lange klar, dass sich das Wetter auf unsere Gesundheit auswirkt. Und die oben beschriebenen Wirkungskomplexe sind weitestgehend gut untersucht, auch wenn Faktoren wie genetische Veranlagung, persönliche Gesundheitsgeschichte, sonstige Umweltbedingungen und Lebensstil immer eine individuelle Rolle spielen. Es gibt mittlerweile viele Möglichkeiten, den negativen Auswirkungen entgegenzutreten: Verwendung von Sonnenschutzmitteln, Schutzkleidung, Vermeidung von übermäßiger Sonnenexposition, Reduzierung der Feinstaubemissionen durch Verkehrs- und Industriemaßnahmen und das wetterangepasste Verhalten im Freien sind nur einige Beispiele.

Aber anekdotisch gewonnene Erkenntnisse lassen vermuten: Da ist noch so viel mehr. Kreislaufprobleme? Na klar, bestimmt der Wetterumschwung. Die Hebamme spricht im Geburtsvorbereitungskurs von »Blasensprungwetter«, die Migräne ist im Sommer häufiger als im Winter, und Opas jahrzehntealte Knieverletzung sagt Wetterumschwünge mindestens genauso zuverlässig voraus wie die Wetterberichte – an dieser Wetterfühligkeit muss doch was dran sein! Warum ist es so schwierig, hier eindeutige und belastbare kausale Zusammenhänge zu finden?

Es gibt noch einen vierten Wirkungskomplex, der sich mit genau diesem vom aktuellen Wetter zu erwartenden Stress beschäftigt: die Biotropie.[8] Dieser Stress wird besonders dann als ausgeprägt beschrieben, wenn sich das Wetter kurzfristig oder markant ändert und der Körper mit seinen Anpassungsvorgängen schnell reagieren muss.

Der Deutsche Wetterdienst gibt hierzu einen Gefahrenindex für Wetterfühligkeit heraus, der jeweils für das Herz-Kreislauf-System, rheumatische Beschwerden, asthmatische Erkrankungen und allgemeine Befindlichkeit Vorhersagen trifft. Deutschland wird hierzu in elf Regionen unterteilt, und es gibt jeweils eine Vorhersage für den Vor- und für den Nachmittag.

Dabei entspricht

- **POSITIV**: Wetterlagen, bei denen sich das Wetter durchweg positiv auf das Befinden auswirkt.
- **KEIN**: Wetterlagen, bei welchen kein signifikanter Einfluss auf das menschliche Befinden nachgewiesen werden konnte.
- **GERING**: Wetterlagen mit geringer biotroper Intensität. Der leicht ungünstige Wettereinfluss macht sich bei sehr wetterfühligen Personen bemerkbar.
- **HOCH**: Wetterlagen mit hoher biotroper Intensität, die in der Regel durch schnelle und/oder starke Luftmassen- beziehungsweise Wetterwechsel und durch thermische Belastung hervorgerufen wird. Von den negativen Gesundheitseinflüssen ist ein größerer Personenkreis von Wetterfühligen betroffen.

Einen wichtigen Hinweis gibt es dazu aber noch: Dieser Index beruht auf kollektiven Angaben von Betroffenen. So wurde zum Beispiel in Studien gezeigt, dass Personen mit hohem Blutdruck den Durchzug einer Kaltfront meist als Belastung empfinden – das muss aber nicht für jede einzelne Person mit Bluthochdruck gelten.[9] Der Deutsche Wetterdienst empfiehlt hier bei vermuteter Wetterfühligkeit das Führen eines individuellen Tagebuchs. Auf menschenswetter.de kann man ein eigenes Tagebuch zur individuellen Wetterempfindlichkeit anlegen und sogar eine aktuelle Vorhersage erhalten.

Aber wie kann es sein, dass wir trotz des technologischen Fortschritts und trotz all dieser neuen Erkenntnisse seit Hippokrates immer noch nicht weiter sind, wenn es um die Wetterfühligkeit geht?

Die Vielzahl an komplizierten Interaktionen der verschiedenen Wirkungskomplexe gibt vielleicht schon einen ersten Eindruck: Denn um groß angelegte und robuste Studien auswerten zu können, müsste ich diese Variablen auch wirklich alle in einer guten räumlichen und zeitlichen Auflösung beobachten können. Denn wenn es schon kleinste Luftdruckänderungen sind, die sich gegebenenfalls auf Menschen auswirken können, genügt es nicht, in einer Großstadt zehn Messstationen zu haben – und gleichzeitig bewegen sich Personen unterschiedlich, leben in unterschiedlichen sozioökonomischen Umfeldern, ernähren sich anders, schlafen anders, treiben unterschiedlich Sport. Eine große Schwierigkeit ist es deshalb, diese Zusammenhänge nicht nur statistisch zu erfassen, sondern sie auch kausal zu verifizieren. Denn nur weil ich einen zeitlichen Zusammenhang beobachten kann, bedeutet das noch lange nicht, dass auch tatsächlich ein kausaler Zusammenhang vorliegt. Hierzu gibt es eine Vielzahl an beliebten Beispielen: Die Anzahl der Störche korreliert in Deutschland je nach Betrachtungszeitraum mit der Geburtenrate – je weniger Störche, desto weniger Kinder, so scheint es. Ursache und Wirkung sind dadurch aber nicht erklärt. Und genauso ist es oft beim Wetter.

Von feuchtem Winterwetter wird beispielsweise vermutet, dass dieses in Zusammenhang mit Gelenkschmerzen steht, sich bestimmte Wetterlagen sogar durch das Zwicken im Knie vorhersagen lassen.[10] Dabei könnte eine Änderung in den Luftdruckverhältnissen eine Rolle spielen: Denn wenn dieser sinkt, können sich Muskeln, Sehnen und Gelenke ausdehnen. Hierdurch wird wiederum Druck auf die Gelenkverbindungen ausgeübt, und dieser zusätzliche Druck kann dann als schmerzhaft empfunden werden. Eine Bestätigung für den kausalen Zusammenhang gibt es allerdings noch nicht. Genauso plausibel ist auch die Vermutung, dass das Wetter hier keinen direkten Einfluss auf den Körper nimmt, sondern nur indirekt über eine Veränderung im Verhalten: Wenn ich an feuchten kalten Wintertagen vermehrt auf der Couch sitze und mich dank Netflix-Serienmarathon weniger bewege als sonst, kann auch diese Verhaltensänderung zu Schmerzen im Gelenk führen.

Das Zusammenspiel der Wirkungskomplexe sieht man sehr gut bei den nachfolgenden Themen.

ZUM WETTER GEBOREN

Ein großer Vorteil unter Meteorologinnen und Meteorologen ist das große Angebot an passenden Geschenken zur Geburt: Die Beliebtheit des Regenbogens macht es einfach, ein wetterbezogenes Geschenk für die neue Erdenbürgerin zu finden, notfalls einfach gleich ein Kinderbuch zum Wasserkreislauf. Bei den Geburten meiner ersten beiden Kinder habe ich jeweils eine Wetterkarte plus Besprechung der aktuellen Wetterlage am Geburtstag bekommen. Ich gebe zu, ich hatte während der Geburten andere Prioritäten als eine wissenschaftlich orientierte Auseinandersetzung mit dem Wetter, aber es ist mir tatsächlich beim nachträglichen Anblick der Wetterkarten aufgefallen, dass beide Kinder nicht nur freitagabends zur fast gleichen Uhrzeit mit identischer Grammzahl, sondern auch noch nach plötzlichem Aufziehen eines Tiefdruckgebietes geboren wurden. Die Tiefdruckgebiete hatten beide auch noch einen Namen mit X, nämlich Xenia und Xaver, so dass ich zugegebenermaßen bei Kind Nummer drei ein wenig mehr in den Wetterbericht geschaut habe als sonst. Dieses kam zwar bei strahlendem Oktobersonnenschein unter Einfluss einer Hochdruckwetterlage (ein Dienstagnachmittag noch dazu), aber dennoch geisterte mir diese Parallele durch den Kopf. Und nicht nur mir, die Hebamme im Geburtsvorbereitungskurs sprach von Vollmond und Wetterumschwüngen als ausschlaggebend für Geburten – ist da wirklich etwas dran?

Ein aufziehendes Tiefdruckgebiet würde eine Veränderung im Luftdruck bewirken, und tatsächlich gibt es einige Studien, die bei sinkendem Luftdruck oder auch bei sehr ausgeprägtem Wechsel des Luftdrucks von etwa +-15 hPa einen biotropen Effekt auf Geburtenraten bemerkten.[11] Allerdings gibt es genauso auch Studien, die diese statistischen Zusammenhänge nicht nachweisen konnten. Auch ohne das Wetter und klimatische Bedingungen zu berücksichtigen, gibt es ebenso wie bei der Wetterfühligkeit eine Vielzahl von nicht verstandenen Faktoren, die beeinflussen, wie lange eine Schwangerschaft dauert. Umso schwieriger ist es, einen – wenn überhaupt vorhandenen – sehr geringen meteorologischen Effekt ausfindig zu machen. Im Tierreich ist es ähnlich: Auch bei Kühen gibt es Studien, die Luftdruckänderungen und nahende Gewitter als einflussnehmende Faktoren für den Beginn des Kalbens nennen. Aber auch hier folgt meist in weiteren Studien die Erkenntnis, dass die Vielzahl an Variablen und der hochindividuelle Prozess der Gestation es schwer machen, kausale Zusammenhänge zu erkennen.[12]

Bei der Luftverschmutzung scheint man sich dagegen etwas sicherer zu sein: Auch hier ist es so, dass sich eine kontinuierlich hohe Luftverschmutzung negativ auf die Gesundheit von Schwangeren und Föten auswirken kann. Es gibt Studien, die darauf hindeuten, dass eine hohe Belastung mit Schadstoffen zu einem erhöhten Risiko von Frühgeburten und niedrigem Geburtsgewicht führen kann – und der deutliche Rückgang der Frühgeburten in einigen Regionen während des ersten Corona-Lockdowns im März/April 2020 lässt vermuten, dass dieser Effekt durchaus plausibel ist.[13]

Apropos Pandemie: Nach Katastrophen (hierzu zählen auch Pandemien und andere Krankheiten wie die Verbreitung von Zika) kommt es im Allgemeinen zu einer negativen Auswirkung auf die Geburtenrate. Nach dem Erdbeben im Jahr 2011 in Japan haben beispielsweise Studien eine Reduktion der Geburtenrate um 9–10 Prozent festgestellt. Bei wetterbedingten Katastrophen ist das allerdings nicht so eindeutig: Hier halten sich Fälle von positiven und negativen Auswirkungen nahezu die Waage. Als Erklärung wird vermutet, dass pandemisch und technologisch bedingte Katastrophen wie der Ausbruch des Zika-Virus oder die Nuklearkatastrophe von Fukushima nicht klar identifizierbare Risiken mit sich bringen und es für Einzelpersonen schwer einzuschätzen ist, inwiefern etwa die erhöhte Strahlungsbelastung eine negative Auswirkung auf das eigene Leben haben wird oder nicht.[14] Auch bei der monatlichen Geburtenrate sieht man während der Corona-Pandemie in vielen Ländern einen deutlichen Rückgang – so lag in Deutschland die Geburtenrate Anfang 2022 bei nur noch 1,38 Kindern pro Frau (von 2015 bis 2021 lag sie zwischen 1,5 und 1,6).[15] Umgekehrt sind die Auswirkungen einer Naturkatastrophe mit beispielsweise einer lokalen sturmbedingten Überschwemmung klarer abzugrenzen und werden daher womöglich als überschaubarer empfunden.

WETTERMÜDIGKEIT

Für den Schlaf sind mehrere Faktoren aus verschiedenen Wirkungskomplexen wichtig. Einen kennen wir schon: das Licht. Es hemmt die Produktion des Schlafhormons Melatonin (ja, auch Smartphonelicht) und kann uns so am Einschlafen hindern.[16] Pollenflug kann Allergiker besonders am frühen Morgen jäh aus den schönsten Träumen reißen, und auch die Temperatur ist ein kritischer Faktor – besonders wenn mehrere Personen in einem Raum schlafen. Fehlender thermischer Komfort lässt sich tagsüber vielleicht noch ganz gut ignorieren oder entsprechend kompensieren – aber nachts erfrischt kein kühles Eis und vermittelt kein warmer Tee Behaglichkeit. Im Gegenteil, womöglich emittiert der neben einem liegende Körper noch Strahlung im infraroten Bereich.

Hat man es geschafft, die optimalen thermischen Bedingungen herzustellen, kann es einen weiteren Grund geben, wieso das Wetter dem gesunden 7,5-Stunden-Schlaf einen Strich durch die Rechnung macht. Hierzu genügt ein sich jeden Tag wiederholendes Ereignis: die aufgehende Sonne. Und ob Großstadt oder Dorf, es beginnt eine Kakophonie an Vogelgezwitscher, die mir meist vor allem eins vermittelt: höchste Eisenbahn, noch schnell mindestens eine Tiefschlafphase zu erwischen.

Darum zwitschern Vögel früh am Morgen: Der frühe Vogel fängt nicht nur den Wurm, der frühe Vogel zwitschert auch besonders gerne zum Sonnenaufgang. Dass Vögel ihre Energie überhaupt für Singsport aufbringen, hat meist etwas mit der Markierung des eigenen Reviers oder der Paarung zu tun: je schöner der Gesang in Bezug auf Lautstärke und Variation, desto erfolgreicher bei der Fortpflanzung. In unseren Breitengraden ist der Höhepunkt des Gesangs zur Paarungszeit, zwischen Ende April und Anfang Juni hört man besonders viele verschiedene Arten am frühen Morgen. Dass es die richtige Jahreszeit für frühmorgendlichen Gesang ist, weiß der Vogel dank des Testosteronspiegels. Spannend ist dabei: Die Reihenfolge der einzelnen Arten bleibt jeden Morgen gleich – wer also die einzelnen Vogelstimmen unterscheiden kann, weiß zumindest grob, wie viel Uhr es ist. Aber warum findet der Gesang überhaupt meist so früh am Morgen statt?[17]

Zum einen ist es das Licht der aufgehenden Sonne, das sich auf den Hormonhaushalt von Vögeln auswirkt. Wie auch bei den Menschen reguliert das Hormon Melatonin bei vielen Tieren, einschließlich Vögeln, den Schlaf-Wach-Zyklus. Ebenso wird vermutet, dass die meteorologischen Bedingungen nahe des Bodens am Morgen noch günstiger sind, um Schall sich möglichst ungedämpft ausbreiten zu lassen: Morgens ist es in der Grenzschicht meist noch windstill, die Schichtung ist stabil. Erst mit Erwärmung des Bodens beginnen die Turbulenzen für einen vertikalen Transport von fühlbarer und latenter Wärme zu sorgen – und damit die Bedingungen für den Transport von Schallwellen zu verschlechtern. Wie aussagekräftig diese Vermutung ist, ist noch unklar. Denn wenn es so wichtig ist, gehört zu werden, wieso tritt Vogelgesang dann so geballt am frühen Morgen auf und nicht etwas verteilter in der Nacht?

Da die Lautstärke für den Erfolg des männlichen Vogelgesangs eine Rolle spielt, könnte dies ein weiterer Grund dafür sein, wieso manche Vögel schon um 3 Uhr morgens beginnen zu tirilieren. Dafür spricht auch, dass Arten mit leiserem Gesang in der Stadt früher damit beginnen als auf dem Land. Denn so spielt der Umgebungslärm durch ebenfalls mit der aufgehenden Sonne erwachende Menschen noch keine so große Rolle.

Den Rest des Tages können Vögel dann mit der Futtersuche verbringen – bis auf die Eule, denn Ausnahmen bestätigen die Regel. Sie ruft am häufigsten in der Abenddämmerung kurz nach Sonnenuntergang. Übrigens, die Frage, ob man beim Thema Schlaf zu Eule oder Lerche zählt (auch Chronotyp genannt), stellt sich für die meisten Menschen gar nicht: Tatsächlich haben Forschende der Ludwig-Maximilians-Universität München über Jahrzehnte hinweg mehr als 300 000 Menschen zu ihrem Schlafrhythmus und anderen Aktivitäten befragt.[18] So haben sie festgestellt, dass die meisten Menschen einem Chronotypen entsprechen, der bevorzugt zwischen 23 und 1 Uhr ins Bett geht, um dann zwischen 7 und 9 Uhr aufzustehen: also weder Lerche noch Eule. Die dennoch vorhandenen Unterschiede ergeben sich aus drei Aspekten: genetische Faktoren; Alter und wie sehr man künstlichem und natürlichem Licht ausgesetzt ist. Hieraus ergeben sich einige Empfehlungen, zum Beispiel Medikamente nicht nach Uhrzeit (also morgens-mittags-abends), sondern entsprechend dem individuellen Aufwachzeitpunkt zu geben. Auch den chronischen Schlafmangel von Teenagern erklären die Forschenden damit, dass die soziale Uhr ihres durchschnittlichen Chronotyps meist nicht entsprechend berücksichtigt wird und Schulen viel zu früh beginnen.

Wer den Teller leer isst …

… kann sich auf gutes Wetter freuen, so kenne ich zumindest das Sprichwort. Schon 1870 tauchte diese Redewendung im *Deutschen Sprichwörter-Lexikon* auf: »'S gibt gut Wetter, 's alles aufgegessen.« Ursprünglich lautete die Redewendung im Plattdeutschen: »Wenn du dien Teller leer ittst, dann gifft dat morn goods wedder.« Oder in einer anderen Version auch: »Et dien Töller leddig, dann givt dat morgen goods wedder.« Scheint eindeutig auf gutes Wetter bezogen und entspringt vielleicht aus der Hoffnung, dass das Kind sich doch davon überzeugen lässt, die Erbsen aufzuspießen. Tatsächlich geht es dabei überhaupt nicht ums Wetter! Denn hier ist mit »wedder« nicht Wetter gemeint, sondern »wieder«, also: Iss heute schön deine Erbsen auf, dann gibt's morgen gleich noch mehr. Oder je nach Interpretation: Iss heute das nicht so leckere Essen auf, dann gibt's morgen wieder etwas Gutes und nicht die Reste. Meteorologisch gesehen überzeugt das, denn sonst würde sich die Frage aufdrängen, wie das Wetter eigentlich damit umgeht, dass die Kinder in der Nachbarwohnung vielleicht gerade keine Lust aufs Teller-leer-Essen haben.

Indirekt beeinflussen wir mit dem, was auf unserem Teller liegt, aber doch das Wetter: nämlich mit Umweg über das Klima. Bis zu einem Drittel der Treibhausgase, insbesondere Methan, stammen aus der Lebensmittelproduktion – für mehr Treibhausgase ist nur der Energiesektor verantwortlich.[1] Dabei ist das Problem nicht, dass wir essen, sondern was wir essen. Ganz einfach gesagt: Je mehr tierische

Produkte aus Massentierhaltung auf unseren Tellern liegen, desto schlechter für die Treibhausgasbilanz. Oder umgekehrt: je pflanzenbasierter, desto klimaverträglicher. Klimabedingt könnte man das Sprichwort also anpassen: »Wenn du deinen Teller mit pflanzenbasierter Ernährung immer schön leer isst, dann gibt's morgen besseres Klima.« Hat man vielleicht 1870 schon geahnt.

DIE WETTERKÜCHE

Wer sich an einem heißen, schwülen Sommertag vor eine große Schüssel dampfender Gemüselasagne setzen muss, seufzt zu Recht vielleicht ein bisschen auf. Schon bei der mittelalterlichen Esskultur findet sich ein klarer Zusammenhang zwischen Ernährungsmustern, der regionalen Bodenbeschaffenheit und den klimatischen Bedingungen vor Ort. Hier spielte nicht nur der Speiseplan eine Rolle, sondern auch die Verteilung der Speisen auf den Tag – auch heute wird im Mittelmeerraum nicht abends um 18 Uhr getafelt, sondern deutlich später. Der Sonntagsbraten zu Mittag findet sich dafür eher in den nördlicheren Breiten von Mitteleuropa. Das Eiscafé bietet bei 35 °C eher keine Waffeln an, und dafür gibt's im Restaurant im Winter deftige Eintöpfe anstatt Gurkenkaltschale.

Was unsere Speisepläne damit abbilden, ruht in der Notwendigkeit zur Thermoregulation unserer Körper. Der Körper benötigt Energie, um zum Beispiel die Körpertemperatur bei ca. 36 °C zu halten – in einer wärmeren Umgebung braucht er also weniger Energie und demnach weniger Kalorienzufuhr. Weniger Appetit in heißen Gegenden ist daher völlig normal. Umgekehrt kann im Winter, besonders wenn man sich viel draußen aufhält, der Bedarf steigen. Appetit, Hunger und was letztendlich konsumiert wird, sind dabei aber nicht unbedingt deckungsgleich.

Apropos Hunger: Wir haben in Europa das Privileg, ohne Hungersnöte aufwachsen und leben zu können. Dennoch wirken sich auch heute Extremereignisse auf schlechte Ernteerträge und damit auf die Preisgestaltung unseres Essens aus. Höhere Mandelpreise in der Weihnachtsbäckerei nach einer verheerenden Dürre in Kalifornien, aber auch sprunghafte Preisanstiege bei Kartoffeln und Bier waren in den letzten Jahren bemerkbar. Dabei ist wichtig, dass das, was uns beim Einkaufen mehr oder weniger beeinträchtigt, in anderen Teilen der Welt zu direkter Lebensmittel-Unsicherheit führt. 2021 wurden aufgrund von Preissteigerungen im Lebensmittelbereich weltweit 30 Millionen Menschen zusätzlich als *food insecure* bezeichnet. Ernteausfälle bedrohen Millionen von Menschen weltweit, 80 Prozent von ihnen wohnen in Regionen wie Subsahara-Afrika, Süd- und Südostasien.[2] Ein Ereignis, das immer wieder mit Hungersnöten in Verbindung gebracht wird, ist die ENSO.

Die *El Niño-Southern Oscillation* (El Niño-Südliche Oszillation, ENSO) ist ein natürliches Klimaphänomen, das auf dem Zusammenspiel zwischen dem Ozean und der Atmosphäre im tropischen Pazifik basiert. Die ENSO setzt sich aus drei Komponenten zusammen, der warmen Phase (El Niño), der kalten Phase (La Niña) und der neutralen Phase. Bei den ersten beiden Ereignissen sehen wir deutliche Abweichungen vom Normalzustand.

Während El Niño erwärmt sich das Oberflächenwasser im zentralen und östlichen Pazifik, La Niña hingegen ist gekennzeichnet durch eine Abkühlung des Oberflächenwassers im äquatorialen Pazifik. Die neutrale Phase liegt zwischen El Niño und La Niña, in der die Oberflächentemperaturen im Pazifik normal sind.

Das war schon im 17. Jahrhundert ein Problem in der peruanischen Fischerei. Zu dieser Zeit bemerkte man das erste Mal, dass oft um die Weihnachtszeit herum die Fische ausblieben – auch über das ungewöhnlich warme Oberflächenwasser wunderte man sich. So kam es zu ersten Beobachtungen des Phänomens, und so kam es auch zum

Namen: El Niño de navidad, später El Niño (der Junge), als Anlehnung an das weihnachtliche Christkind. Allerdings bietet El Niño für das Wetter in großen Teilen der Welt eine weniger schöne Bescherung: Die ENSO-Zyklen können weltweite Auswirkungen haben. Sie entstehen aufgrund der Wechselwirkungen zwischen dem Pazifischen Ozean und der angrenzenden Atmosphäre. Normalerweise weht in den betroffenen Breitenzonen der Passatwind von Ost nach West und schiebt so wärmeres Oberflächenwasser in Richtung Westpazifik vor sich her. An der Küste Südamerikas steigt dadurch kühleres und nährstoffreiches Ozeanwasser aus der Tiefe an die Oberfläche, es gibt also einen West-Ost-Temperaturunterschied an der Pazifikoberfläche.

Während El Niño schwächt sich der Passatwind ab, und warmes Wasser wird ostwärts transportiert, was zu einer dortigen unüblichen Erwärmung der Oberflächentemperaturen führt – zu einer Anomalie. Während einer La-Niña-Phase laufen die Prozesse genau gegenläufig ab.

Diese Unterschiede in der Wassertemperatur haben gravierende Auswirkungen auf die Verteilung von Wärme und Feuchte in den Tropen und den mittleren Breiten, was je nach Stärke der Phase unterschiedlichste Folgen haben kann. Während El Niño können beispielsweise Regionen wie der westliche Pazifikraum, Südostasien und Teile Südamerikas mit verstärkten Niederschlägen rechnen, in anderen Regionen fehlen gewaltige Mengen an Niederschlag; Australien und Teile von Afrika können mit Dürren zu kämpfen haben. Außerdem erhöht sich ebenfalls global gesehen die Temperatur, und das kann je nach Region zu ausgeprägten Überschwemmungen und Waldbränden führen.

In La-Niña-Jahren können die Auswirkungen umgekehrt sein. Dann ist es im globalen Durchschnitt entsprechend meist kühler, dafür können sich im Atlantik leichter Hurrikane bilden.[3]

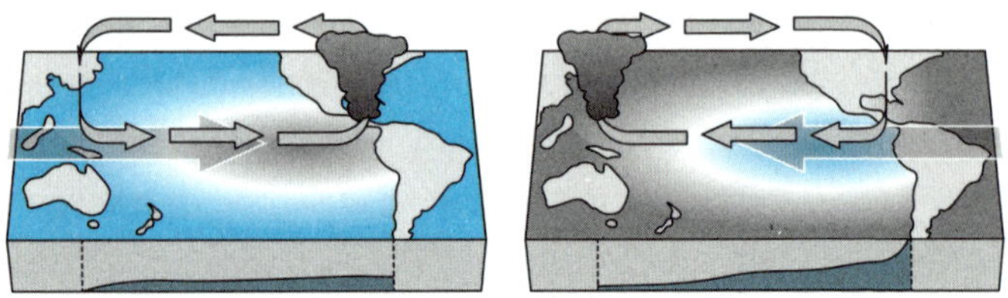

El Niño La Niña

Aus der Vergangenheit weiß man, dass El Niño und La Niña sich hauptsächlich zwischen April und Juni entwickeln und ihre stärkste Phase vom darauffolgenden Oktober bis Februar des Folgejahres haben. Teilweise können die Ereignisse auch länger als die durchschnittlichen 9 bis 12 Monate andauern, gelegentlich sogar bis zu 2 Jahren. Sie treten in unregelmäßigen, aber wiederkehrenden Abständen von 2 bis 7 Jahren auf.

Aufgrund der großen Bedeutung für die Wettervorhersage und die gravierenden Auswirkungen für große Teile der Weltbevölkerung werden verschiedene Messungen und Modelle genutzt, um die ENSO-Phase zu bestimmen und so gut wie möglich vorherzusagen. Regelmäßig werden verschiedene Indizes bei Wetterdiensten veröffentlicht, einer davon ist der NINO3.4. Dieser Index gibt die wöchentliche beziehungsweise monatliche Abweichung der Meeresoberflächentemperatur zwischen 70°W – 120°W und 5°S – 5°N an, also die Anomalien. Sind diese positiv, deutet das auf El Niño hin, sind sie negativ, auf La Niña. Im Mai 2023 sagten mehrere Berichte basierend auf diesem Index und entsprechend entwickelten Vorhersagemodellen für das kommende Jahr mit einer 90-prozentigen Wahrscheinlichkeit ein El-Niño-Ereignis voraus. Die Meeresoberflächentemperaturen waren seit Beginn der Aufzeichnungen auch noch nie so hoch wie im Jahr 2023 – was das für El Niño bedeutet, ist noch unklar.

Sind El Niño und La Niña denn nur ein Problem für die Südhalbkugel? Kurz gesagt, nein. Abgesehen davon, dass Hungersnöte auch außerhalb der eigenen Landesgrenzen eine Rolle für uns auf der Nordhalbkugel spielen können und sollten, gibt es vermutlich je nach ENSO-Phase auch Auswirkungen auf unser Wetter. So verschiebt sich während La-Niña-Ereignissen der Jetstream nach Norden, wodurch es im Süden der USA wärmer und trockener und in den nördlicheren Staaten und Kanada meist kälter und feuchter wird. In Südasien ist die ENSO mit dem Monsun verknüpft: Während El Niño sind die sonst üblichen Niederschläge drastisch verringert, und es kommt regelmäßig zu Dürren. Beim sehr ausgeprägten El Niño von 1789–93 führte das zu mehreren Jahren mit gravierender Trockenheit, die weltweit große Hungersnöte auslöste. Bis 1792 starben Aufzeichnungen zufolge über 600 000 Menschen in der damaligen Madras Presidency im Süden Indiens, die Hälfte der Bevölkerung. Auch im südlichen Afrika kam es aufgrund von wiederholten Dürren zur Mahlatule-Hungersnot, und im Norden führte der Nil wegen ausbleibender Niederschläge ungewöhnlich wenig Wasser. Man vermutet, dass ein Vorläufer dieses El Niños im Westen Europas zu einem besonders kalten und lang anhaltenden Winter geführt hat. Gemeinsam mit dem darauffolgenden Dürresommer war das El-Niño-Ereignis also auch hier Ursache für massive Ernteausfälle – und deshalb auch mitverantwortlich für die Französische Revolution.[4]

Dass das Wetter unser ganzes Leben, und eben auch unsere Ernährung, auf teils dramatische Weise beeinflussen kann, haben wir also gesehen. Aber es geht auch eine Nummer kleiner: Während eines Forschungsaufenthaltes in Boulder, einer Stadt in Colorado, lief mir das erste Mal eine besondere Angabe im Rezept über den Weg: »high altitude adjustment«. Denn ja, das Wetter macht sich doch wirklich auch in der Küche bemerkbar.

BERTHA, DAS EI IST WEICH

Eine der wichtigsten Gleichungen in der Meteorologie ist die barometrische Höhenformel. Sie wird genutzt, um die Verteilung des Luftdrucks in der Höhe zu bestimmen, oder auch: wie sich Luftteilchen vertikal in der Atmosphäre verteilen.

Der **LUFTDRUCK** ist definiert als das Gewicht der Luftsäule pro Flächeneinheit vom Erdboden bis zur äußeren Grenze der Atmosphäre und wird in der Standardeinheit Hektopascal (hPa) angegeben. Er gibt also wieder, wie die Masse der Luft bedingt durch die Erdanziehungskraft Druck ausübt. In der Atmosphäre nimmt er zunächst rasch ab, schwächt sich dann aber langsamer ab: In der Standardatmosphäre beträgt der mittlere Luftdruck in Meereshöhe 1013,25 hPa und verringert sich dann in 5,6 km Höhe auf etwa die Hälfte (500 hPa). In 31 km Höhe hat er dann noch ein Hundertstel des Bodenwertes. Auf Wetterkarten heißen Linien mit gleichem Luftdruck Isobaren.

Und wofür braucht man das im Alltag? *High altitude cooking* wird vom US-amerikanischen Landwirtschaftsministerium ab 3000 ft empfohlen, was ungefähr 1000 m entspricht. In Deutschland gibt es zwar nur wenige Orte, die so hoch über dem Meeresspiegel liegen, aber immerhin könnte es ja mal sein, dass man plötzlich auf der Zugspitze für Bertha ein Frühstücksei kochen muss. Und wenn das Ei die gewünschte Konsistenz haben soll, genügt es nicht, den Timer auf die gleiche Zeit wie zu Hause zu stellen. Koche ich mein Ei die gewohnten viereinhalb Minuten in Bonn, erhalte ich auf der Zugspitze ein sehr viel weicheres Ei – ganz ohne Zufall, sondern aufgrund der Höhe: Bei 1000 m über dem Meeresspiegel ist der Luftdruck im Schnitt bereits deutlich niedriger. Das wiederum bedeutet, dass Wasser hier aufgrund des geringeren Luftdrucks schon bei etwa 97 °C kocht. So wird das Ei über die viereinhalb Minuten also einer geringeren Temperatur ausgesetzt. Damit hat aber auch das Eiweiß im Ei weniger Gelegenheit zu stocken.

Und was hat das mit der barometrischen Höhenformel zu tun? Mit ihr lässt sich berechnen, wie groß der Druckunterschied ist, und daraus kann man wiederum ableiten, wie viel länger das Ei tatsächlich kochen muss, um Unmut am Frühstückstisch zu vermeiden. Als Faustregel kann man sich merken: pro 500 Höhenmeter 30 Sekunden Kochzeit addieren.[5]

High altitude cooking berücksichtigt diesen Unterschied und seine Auswirkungen. Und so finden sich auf der eigens dafür eingerichteten Website[6] noch viele weitere Beispiele, bei denen es wichtig ist, im Hinterkopf zu behalten – nicht nur für den innerfamiliären Frieden beim Thema Frühstücksei –, dass man sich gerade in einer anderen atmosphärischen Umgebung befindet. Auch die Luftfeuchte kann in der Höhe niedriger sein – und somit Auswirkungen auf zum Beispiel Teig haben, der womöglich Feuchtigkeit an die trockene Umgebungsluft abgibt.

BACKE, BACKE KUCHEN

Auch wer nicht in den Bergen lebt, hat vielleicht mehr Wetter in der Küche, als ihm/ihr lieb ist. Der Kuchen zu trocken, der Keks zerbröselt und der Hefeteig nicht genug aufgegangen? Vielleicht hat das Wetter nicht gepasst. Im Winter können sich die niedrigeren Außentemperaturen auch in einer zu niedrigen Zimmertemperatur bemerkbar machen: Sinkt die Zimmertemperatur unter 21 °C, sind auch die darin enthaltenen Arbeitsgeräte und Zutaten zu kalt. Für Rührkuchen schlägt man Butter und Zucker zusammen, bis die Mixtur leicht und fluffig ist: Ist es zu kalt, also hat die Küche zum Beispiel nur 18 °C, erhält man nicht wie gewohnt eine leichte und fluffige Mixtur, sondern eine dicke Paste, die sich kaum vom Schüsselrand löst. Bemerkt man es rechtzeitig, kann es helfen, die Schüssel oder auch den Zucker kurz zu erwärmen – ansonsten fehlt dem Kuchen Luft, er wird trocken. (Habe ich für euch getestet. Mehrfach.) Auch bei Buttercreme darf es nicht zu kalt sein, und wenn je nach Rezept der Hefeteig »bei Zimmertemperatur« gehen soll, können auch hier wenige Grad einen Unterschied machen und die Gehzeit verlängern. Wem das zu lange dauert, kann zum Beispiel das Mehl minimal erwärmen oder auch die Flüssigkeit wärmer als sonst zum Teig hinzugeben. Auch bei Eiern, die Zimmertemperatur haben sollen, ist gemeint, dass sie ungefähr 21 °C haben sollen – falls es im Winter zu kühl in der Küche ist oder die Eier im Kühlschrank vergessen wurden, kann es auch hier helfen, die Eier für ein paar Minuten in eine Schüssel mit warmem Wasser zu legen.

Auch wenn manche Rezepte je nach Wetterlage empfehlen, zum Beispiel Feuchtigkeit zuzugeben: Erst sollte die Temperatur der Zutaten stimmen.

Selbst nach dem Backen kann eine zu kalte oder zu feuchte Küche Probleme bereiten: Beim Zerbröseln spielen noch andere Dinge eine Rolle, zum Beispiel das Verhältnis der trockenen Zutaten. Zu viel Zucker oder Butter kann verhindern, dass das Mehl genug Gluten bildet. Oder – man denke an Vanillekipferl und Chocolate Chip Cookies – zu viel Bewegung während des eigentlichen Abkühlvorgangs. Auch zu hohe Feuchtigkeitsunterschiede können ein Problem sein, also zeitgleich Nudeln kochen und Kekse backen: keine gute Idee. Denn während die Oberfläche des Kekses besonders an den Rändern Luftfeuchtigkeit aufnimmt, wird in der Mitte Feuchtigkeit abgegeben. Der Keks zieht sich zusammen – ist der Unterschied hier zu groß, kommt es zu Mikrorissen und gegebenenfalls zum Zerbrechen. Und ja, das wurde von Physikern an der Universität Loughborough in Leicester untersucht. Mithilfe von Lasern und Speckle-Interferometrie können kleinste Veränderungen in der Distanz zwischen Laser und Keks gemessen und so Mikrorisse festgestellt werden, noch bevor sie mit dem Auge sichtbar sind. Die Empfehlung der Physiker für rissfreies Gebäck: bei niedrigerer Temperatur, dafür aber länger backen – so kommen die Kekse trockener aus dem Ofen.[7] Und was vielleicht für den Hausgebrauch überflüssig anmutet, ist für die Keksfabrik gar nicht mal so unerheblich.

Richtig spannend wird es im Sommer bei Teig: Denn hier liegt die Zimmertemperatur oft über 23 °C, und das verändert die Zusammensetzung von Teig. Nehmen wir einen Mürbeteig für eine Mangoldquiche, 250 g Mehl, 125 g Butter, 3 El kaltes Wasser, 1 Eigelb und 1 Prise Salz. Hat die Küche 24 °C, hat auch mein Mehl eine höhere Temperatur als normalerweise, und selbst wenn Eigelb und Butter aus dem Kühlschrank kommen, kann es passieren, dass Letztere bei Kontakt zum Mehl schneller verflüssigt als sonst. Gibt man dann weniger Wasser hinzu – da sich der Teig bereits dank der weicheren Butter flüssiger anfühlt –, verliert man wichtige Eigenschaften des Teigs: Gluten kann sich schlechter bilden, womit der Teig krümeliger und anfälliger für Risse ist. Es kann auch dazu führen, dass der Teig mehr Feuchtigkeit aus den restlichen Zutaten zieht, die Kruste also insgesamt weicher und matschiger wird. Lösung hier: Zutaten und Arbeitsgeräte vorher in den Kühlschrank verfrachten.[8]

That's the way the cookie crumbles. Bei uns zu Hause mögen wir die Kekse mit leicht angerissener Oberfläche, außen gerade knusprig, innen durchgebacken, aber weich. Und das ist gar nicht so einfach.

BESTES CHOCOLATE-CHIP-COOKIE-REZEPT*
(bei einer Raumtemperatur von etwa 21 °C)

- 435 g Mehl
- je 1 ¼ Teelöffel Natron, Backpulver
- 1,5 Teelöffel Meersalz
- 285 g ungesalzene Butter, etwas kühler als Raumtemperatur
- 220 g Zucker, weiß
- 275 g leicht angedrückten braunen Zucker
- 2 Teelöffel Vanilleextrakt
- 2 große Eier und ggf. 1 Eigelb, etwas kühler als Raumtemperatur
- 500 g Semisweet Chocolate Chips, Schokostücke mit min. 50 Prozent Kakaoanteil

WICHTIG: Kann der Teig 24 oder besser sogar 48 Stunden kühlen, entfalten sich bestimmte Aromen noch besser. Das Warten lohnt sich!

Mehl, Natron, Backpulver und Salz mischen. Butter und Zucker mit der Küchenmaschine mindestens 2–3 Minuten cremig schlagen. Dann die Eier und das Eigelb einzeln unterrühren, jeweils wieder 20–30 Sekunden schlagen. Das Vanilleextrakt ebenfalls unterrühren. Zum Schluss vorsichtig die Mehlmischung unterheben, hierbei darauf achten, dass nicht gerührt wird. Chocolate Chips einrühren, dann den Teig möglichst 24 Stunden in den Kühlschrank legen. Kurz vor dem Backen den Teig bei Raumtemperatur stehen lassen, bis er sich gut mit dem Löffel portionieren lässt. Dann Kugeln in gewünschter Größe auf das Backblech legen (2 Esslöffel empfehlen sich) und für 11–13 Minuten backen, bis die Ränder goldbraun werden. Sobald die Kekse sich nach etwa 5 Minuten ein wenig setzen konnten, auf einem Gitter abkühlen lassen. Guten Appetit!

Auch andere meteorologische Parameter beeinflussen das Kochen: Je nach Wetterlage heißt es aufpassen beim Sahneschlagen. Ich kann

* Basierend auf einem Original der New York Times.

mich noch gut an einen der letzten Kindergeburtstage erinnern, an dem ich morgens Sahne für eine Zitronenrolle geschlagen habe und nachmittags gleich nochmal für den Erdbeerkuchen. Gleiches Prinzip, gleiche Abläufe, und dennoch ist sie mir am Nachmittag geronnen – danke, Wetter! Dabei war es nur etwas wärmer als am Morgen, und ich kühle mindestens das Handrührgerät brav vorher. Was war passiert?

Tatsächlich ist die zunächst flüssige Sahne ein Gemisch aus Wasser, Fett und Eiweißen – eben Milch mit einem hohen Fettanteil, bei Schlagsahne idealerweise von über 30 Prozent. Normalerweise lässt sich Fett mit Wasser aber gar nicht einfach so vermischen – dazu gerne selbst einmal in ein Glas Wasser und Öl einfüllen. Bei der Sahne ermöglichen die Milcheiweiße das gleichmäßige Verteilen der Fettmoleküle innerhalb der Wassermoleküle: Sie sind Emulgatoren, haben also jeweils wasseranziehende und fettanziehende Moleküle. Die Eiweiße umhüllen die kleinen Fetttropfen oder -kügelchen, und zwar mit den fettanziehenden Teilen am Inneren der Hülle, den wasseranziehenden Teilen außerhalb: So verhindern sie die Phasentrennung von Fett und Wasser. Flüssige Sahne ist also eine Fett-in-Wasser-Emulsion.

Beim Schlagen von Sahne wird die Eiweißhülle der Fettkügelchen mechanisch durch das Schlagen zerstört und gleichzeitig Luft in Form von kleinen Luftbläschen untergemischt. Jetzt bilden die Fettkügelchen die grundlegende Struktur und stabilisieren so die Sahne. Gleichzeitig schließen sie die Luftblasen ein, diese hingegen die wässrigen Bestandteile. Steif geschlagene Sahne ist also die Verwandlung von Fett-in-Wasser in ein Wasser-in-Fett-Gemisch. Ob Fett-in-Wasser oder Wasser-in-Fett ist für den Erdbeerkuchen nicht ganz egal.

Und wie kommt jetzt das Wetter ins Emulsionsgemisch? Ist die Luftfeuchte an einem Tag hoch, kann die beim Schlagen eingeführte Luft den Feuchtigkeitsanteil der Emulsion so stark erhöhen, dass die Sahne zu flüssig wird.[9] Auch die Lufttemperatur spielt eine Rolle: Ist es zu heiß im Raum, erwärmt sich die Sahne zu schnell, wodurch die Fette ihre Struktur nicht mehr halten können und zerrinnen. Selbst die 2 Minuten, die man ungefähr benötigt, um flüssige Sahne steif zu schlagen, können schon reichen, um das Endresultat gehörig zu beeinträchtigen.

Und: Je wärmer die flüssige Sahne, desto weniger Volumen hat hinterher die feste Sahne. So können mit dem Handmixer aus 240 ml Sahne bei 4,5 °C in nur 1:15 Minuten ganze 530 ml fluffige Sahne werden. Bei 13 °C benötigt man schon 1:50 Minuten für 480 ml Sahne (deren Konsistenz aber schon beginnt nachzulassen), bei 22 °C erhält man nur noch 415 ml Sahne in 2:30 Minuten, wobei sich hier die Sahne schon nicht mehr ganz fest schlagen lässt.[10]

Sobald die Sahne übrigens zu lange geschlagen oder geschüttelt wird, hat man im schlimmsten Fall schneller Butter im Haus, als man gucken kann. Hier hat das Fett einfach immer größer und größer werdende Klumpen gebildet – die Luft entweicht wieder, und zurück bleiben die Fettklumpen als Butter und der wässrige Anteil der ursprünglichen Sahne als Buttermilch. Auch hier spielt die Temperatur wieder eine Rolle: Bei wärmeren Temperaturen wird das Fett nicht nur flüssiger, die Fettmoleküle haben jetzt auch mehr Energie und können sich schneller bewegen, also auch schneller aneinanderhaften.[11]

Pandemietrend **SCHÜTTELBUTTER** aus dem Glas: Für ein bisschen Wow-Effekt … Schütteln. Fertig.

Hat die Sahne Zimmertemperatur, bildet sich nach etwa fünf bis sechs Minuten Butter im Glas. Wer möchte, macht noch ein Experiment daraus: Wie viel länger dauert es, wenn die Sahne direkt aus dem Kühlschrank kommt?

Im Fall meiner geronnenen Sahne hätte es scheinbar geholfen – so hat es mir das Internet im Nachhinein verraten –, einfach ein bisschen Milch unterzurühren und weiterzuschlagen. Für die Zukunft könnte man im Sommer bei wechselhaftem warmem Wetter natürlich die Schüsseln vorher kaltstellen, im kühlsten Raum des Hauses schlagen – denn auch im Winter empfiehlt es sich, für ein besseres Gelingen mit kühler Luftzufuhr zu arbeiten – oder Stärke als Stabilisator hinzufügen. Oder einfach gleich auf Vanilleeis als Beilage ausweichen.

Gibt es schlechtes Wetter?

Wir haben schon gesehen: Das Wetter hat es in sich. Es kann ganze Spezies ausrotten, uns über Föhnwinde Kopfschmerzen bereiten (definitiv das geringere Übel) oder unsere Backvorhaben sabotieren (das noch viel geringere Übel). Ist das Wetter wirklich so schlecht für uns? Und gibt es überhaupt so etwas wie »schlechtes Wetter«?

In Deutschland wissen wir: »Es gibt kein schlechtes Wetter, nur schlechte Kleidung.« Das ist ein Satz, mit dem sicher nicht nur ich groß geworden bin. Beim Pfingstzeltlager, trotz Zwiebellook durchgefroren und durchnässt bis auf die Unterhose und trotz Antihistaminika mit zugequollenen und juckenden Augen dank übermäßigem Gräserpollenflug (obwohl es doch geregnet hat), konnte ich diesen Spruch nur rudimentär nachvollziehen. Und auch heute brauche ich einiges an innerer Überzeugungsarbeit, um trotz Nieselregen und 2 °C freiwillig eine Runde zum Spielplatz zu laufen. Ob ich Wetter gut oder schlecht empfinde, ist eine hochgradig situative Angelegenheit: Ich kann es wunderbar finden, die ganze Familie in Schneesachen zu stecken und bei -12 °C einen Spaziergang durch Sonnenschein und Kälte zu machen. Oder ich bleibe schon beim Anblick des ersten Eiszapfens lieber unter meiner Bettdecke.

Spätestens als im letzten Sommer nach sechs Wochen ohne nur einen Tropfen Niederschlag im Radio von »tollem Sommerwetter« gesprochen wurde, war mir klar: Es ist wie so oft alles eine Frage der Perspektive. Mit tollem Sommerwetter war gemeint, Sonnenschein und kein Regen, der die Aussicht auf einen entspannten Nachmittag am Badesee hätte trüben können. Aber die Landwirtin freut sich darüber garantiert nicht, genauso wenig wie der Donauschifffahrtskapitän, der sein Schiff nicht mehr sicher durch die trockenen Flussbetten navigieren kann.

Tatsächlich hat mich dieser Moment neugierig gemacht: Gibt es nicht vielleicht doch objektiv gesehen vollkommen schlechtes Wetter? So richtiges Mistwetter, bei dem wir uns alle einig sind: Wollen wir nicht? Vermutlich könnte man sich jetzt in ausschweifenden Diskussionen über die Definition des Wortes »schlecht« verlieren. Ich denke aber, die brauchen wir gar nicht. Bei extremen Wetterlagen scheint es erstmal klar zu sein: Natürlich ist ein Starkregenereignis wie im Sommer 2021 schlecht, wenn im Ahrtal Hunderte Menschen ihr Leben und Tausende ihre Heimat über Jahre hinweg wieder aufbauen müssen. Und über einen Tornado freuen sich *Storm Chaser* auch nur, wenn er in den Great Plains in South Dakota auftritt, und nicht, wenn er durch Wohngebiete und eine Fabrik rauscht und dabei 22 Tote und Hunderte Verletzte hinterlässt wie in Mayfield, Kentucky, im Dezember 2021. Halten wir fest: Schlecht wird das Wetter also dann, wenn es für unsere Gesundheit, unseren Alltag und vielleicht auch unsere Infrastruktur negative Auswirkungen gibt.

WETTER – EXTREM!

Das ist bei Extremereignissen der Fall: Besonders heftige Gewitter, außergewöhnlicher Starkregen und rekordverdächtig große Hagelkörner zählen zu den Extremwetterereignissen – also all den Wetterereignissen, die besonders selten auftreten. Dabei ist »selten« Ansichtssache, meist gehören aber die unteren und oberen 10 Perzentile dazu. Gleichzeitig haben sie oft signifikante Auswirkungen auf Mensch,

Umwelt und/oder vorhandene Infrastruktur. Nicht jeder Sturm ist ein Extremereignis – denn solche Ereignisse treten mit einer viel höheren Intensität auf als das, was als »normal« oder »durchschnittlich« für eine bestimmte Region oder Jahreszeit betrachtet wird.

Extremereignisse haben oft das Potenzial, erhebliche Schäden zu verursachen, und sind somit eine besondere Herausforderung für die Gesellschaft. Da sie aber so selten auftreten, ist es gar nicht so leicht festzustellen, ob ein Extremereignis jetzt häufiger vorkommt als noch vor 30 Jahren oder nicht. Hier hilft die Extremwertstatistik, ein Zweig der Statistik, der sich mit der Modellierung und Analyse von extremen Ereignissen befasst. Sie beschäftigt sich speziell mit der Untersuchung und Vorhersage von extremen Werten in einer Datenreihe. So kann dann zum Beispiel identifiziert werden, ob eine Hitzewelle noch im normalen Rahmen liegt oder eine besonders starke Hitzewelle – entweder aufgrund des lang anhaltenden Zeitraumes oder außergewöhnlich hoher Temperaturen – als ein Maximum vorliegt. Eine Dürre, also eine lang anhaltende Periode mit ungewöhnlich niedrigen Niederschlägen, die weit unter den normalen Werten für eine Region liegen, stellt dann ein Minimum dar.

Ob so ein Extremwetterereignis »schlechtes Wetter« oder »katastrophal schlechtes Wetter« ist, hängt wieder vom Kontext ab: Der stärkste Tornado des Jahres ist ein Extremereignis, aber dafür ist es unerheblich, wo er entlangzieht. Katastrophal wird es erst dann, wenn er nicht durch weite, leere, kaum besiedelte Flächen in South Dakota zieht, sondern eben durch eine Kleinstadt – hier macht der Ort selbstverständlich einen großen Unterschied, besonders für die Schäden.

Es gibt viele Formen von Schäden, die solch ein Extremwetterereignis hervorrufen kann. Um die Kosten eines Wetterereignisses abzuschätzen, müssen demnach die Schäden in verschiedenen Sektoren betrachtet werden. Auch indirekte oder langfristige Konsequenzen sind in jedem Fall zu berücksichtigen, zum Beispiel in Form von psychologischen Auswirkungen auf die betroffenen Menschen. Nicht zu vernachlässigen sind hier insbesondere eventuelle traumatische Erfahrungen durch das Ereignis selbst, die lange Zeitspanne, die für einen Wiederaufbau benötigt wird, oder die Folgen eines Heimatverlustes.

SOLASTALGIE ist ein Begriff, der sich aus den Wörtern »Sol« (Sonne) und »Nostalgie« zusammensetzt. Er beschreibt ein Gefühl von Sehnsucht, Melancholie oder Unbehagen, das aufgrund des Verlusts oder der Veränderung von natürlichen Umgebungen oder Landschaften entsteht, insbesondere in Bezug auf den Klimawandel oder Umweltveränderungen. Solastalgie kann bei Menschen auftreten, die beispielsweise Zeugen des Rückgangs von Wäldern, Gletschern, Stränden oder anderen Naturräumen sind, die für sie eine emotionale Bedeutung haben.[1,2]

Auch langfristige Schäden an Ökosystemen werden oft vermerkt – sind aber genauso schwer abzuschätzen.

Insofern sind solche Kostenkalkulationen immer nur näherungsweise und hängen stark davon ab, welche Annahmen und Methoden gewählt wurden. Dennoch sind die Kosten unbestritten hoch: In den USA sind laut der National Oceanic and Atmospheric Administration zwischen Januar und April 2023 allein bei sieben Extremereignissen (sechs Sturmereignisse inklusive ein Wintersturm und eine Überschwemmung) Kosten in Höhe von 7 Milliarden Dollar entstanden. Im Nachgang des Starkregenereignisses an der Ahr wird der Wiederaufbau schätzungsweise über 4 Milliarden Euro benötigen – neben all den emotionalen Auswirkungen, Menschenleben und dem Verlust von unersetzbaren emotional wertvollen Gegenständen. Diese schwindelerregenden Summen lassen sich besonders über Prävention niedrig halten.

Oft gibt es verschiedene Konzepte und Anpassungsstrategien, die uns allen dabei helfen können, die negativen Auswirkungen von Extremwetterereignissen zu minimieren. Ganz wichtig: Dasselbe Ereignis kann in derselben Region ganz unterschiedliche Auswirkungen haben, je nachdem, wie gut die Bevölkerung sich anpasst. Essenziell hierfür: das Warnen.

DIE KUNST ZU WARNEN

Ist ein gefährliches Ereignis zu erwarten, muss zunächst die Entscheidung getroffen werden zu warnen, und die Situation muss entsprechend faktenbasiert und transparent übermittelt werden. Hieraus werden dann Warnmeldungen erstellt, die über verschiedene Verbreitungsformen weitergegeben werden. Jetzt beginnt ein iterativer Prozess: Die Bevölkerung empfängt die Warnung, interpretiert sie und macht das so lange, bis eine persönliche Entscheidung für eine Reaktion gefallen ist.

Allerdings gibt es viele Faktoren, die diesen Ablauf beeinflussen. Zunächst einmal hat sich gezeigt, dass Warnungen besonders dann zu einer Aktion führen, wenn eine persönliche Betroffenheit hergestellt werden kann.Welche Risiken wir daraus ableiten und wie wir letztendlich mit der erhaltenen Information umgehen, sind sehr subjektive Fragen, die nicht nur von unserem Kenntnisstand und unserer Risikobereitschaft abhängen, sondern auch von ganz persönlichen Erfahrungswerten.[3]

Ich wohne zum Beispiel direkt neben einem Wald. Vor ein paar Jahren hat sich eine Gruppe Pfadfinder für ihr wöchentliches Treffen in diesem Wald versammelt. Leider hatte es wenige Tage davor einen schweren Sturm gegeben, viele Bäume hatten Schäden genommen, und der Gruppenführer wurde unter einem umstürzenden Baum be-

Die Verarbeitung einer Warnmeldung als Warnkette dargestellt, wichtig hier: Betroffene reagieren iterativ und passen ihr Verhalten stetig an.[4]

graben. Er konnte leicht verletzt geborgen werden, aber ich bin mir sicher: Diese Geschichte ist einer der Hauptgründe, wieso ich meinen Kindern den Aufenthalt im Wald in den ersten Tagen nach einem Sturm sehr ausdrücklich verbiete – und ich bin mir nicht sicher, ob mir diese Gefahr ohne diesen Zwischenfall genauso präsent wäre.

Bei der Kommunikation um Wetterereignisse und insbesondere Extremereignisse gibt es noch viele andere Aspekte zu berücksichtigen. Wer genau soll mit der Warnung angesprochen werden? Wer trifft zum Beispiel in Familien die Entscheidung, letztlich das Haus zu verlassen, die Wanderung in den Bergen doch lieber abzubrechen, nicht nach einem Sturm in den Wald zu gehen? Und wodurch lässt sich diese Person überzeugen, welche Informationen benötigt sie, um eine Entscheidung treffen zu können?

Der individuellen und familiären Entscheidung steht die Warnung im öffentlichen Raum gegenüber: Oft sind es einzelne Personen, die entscheiden, ob an einem Tag mit hoher Glatteisgefahr Schule stattfindet oder nicht. Auch beim Arbeitsschutz liegt es nicht immer in der Hand der Arbeitnehmenden zu entscheiden, wo und wann man während einer Hitzewelle arbeitet – besonders bei Berufen, die nicht dem klassischen Bürojob entsprechen. Beim oben erwähnten Tornado in Mayfield, Kentucky, waren am Freitag, dem 10.12.2021, um 21 Uhr noch über 100 Menschen in einer Kerzenfabrik und stellten für das Weihnachtsgeschäft Duftkerzen her. Bereits am Vortag hatten lokale Wettersender darauf hingewiesen, dass es zu Unwettern kommen könnte, ab Freitagvormittag stand die Region unter *Watch*, also erhöhter Beobachtung. »From late afternoon on through tonight, be ready«, twitterte das National-Weather-Service-Büro in Paducah. »This could be a significant severe event with a strong tornado or two across our region. Think about what you would do now. Better to err on the safe side.« (»Ab dem späten Nachmittag bis heute Abend sollten Sie bereit sein. Dies könnte ein schweres Ereignis mit einem oder zwei starken Tornados in unserer Region sein. Überlegen Sie jetzt, was Sie im Ernstfall tun würden. Gehen Sie lieber auf Nummer sicher.«) Über den Tag verteilt folgten auf vielen weiteren Kanälen Warnungen – zuletzt um 20:55 Uhr mit der sehr deutlichen Aussage: »In the next 30 to 60 minutes Wingo and Mayfield will likely be impacted!« (»In den nächsten 30 bis 60 Minuten werden Wingo und Mayfield wahrscheinlich getroffen!«) Um 21:03 Uhr wurde eine Warnung ausgegeben, dass Tornado und Sturm Mayfield wahrscheinlich bis 21:30 Uhr treffen würden. Die klare Anweisung, sofort einen bestenfalls unterirdischen Schutzraum aufzusuchen und den Aufruf zu teilen, wurde ebenfalls mehrfach kommuniziert – und dennoch: Als der Tornado wie angekündigt um 21:27 Uhr in Mayfield ankommt, hinterlässt er nicht nur eine Schneise der Verwüstung, sondern auch eine komplett zerstörte Kerzenfabrik – und im Landkreis mehr als 20 Tote.

Besonders bitter: Ab etwa 17 Uhr hörten einige Mitarbeitende der Kerzenfabrik die Sirenen und wurden auf die drängender werdenden Warnungen aufmerksam. Mehrere Menschen baten darum, nach Hause gehen zu dürfen – ihnen wurde aber laut Augenzeugenberichten mitgeteilt, dass sie dann vermutlich gefeuert werden würden. Also blieben nahezu alle vor Ort und suchten vier Stunden später im dortigen Gebäude Schutz. Das zeigt, wie vielschichtig Warnungen durchdacht werden müssen. Der Sprecher von Mayfield Consumer Products, Bob Ferguson, beteuerte, er habe sich an alle empfohlenen Protokolle gehalten – und es sei ein Wunder geschehen: »We've had a miracle situation. Only eight lost.« Vor Ort stand kein unterirdischer Schutzraum zur Verfügung, sondern nur ein Flur. Und die Familien der schlussendlich doch neun Opfer hätten sich sicher ein anderes Weihnachtswunder gewünscht.

Es kommen noch weitere Aspekte dazu: Die Mitarbeiterin Jennifer Sanchez-Flores berichtete, dass sie ja schon ihr ganzes Leben in Mayfield wohne, schon öfter Stürme gesehen und deshalb angenommen habe, so schlimm könne es schon nicht werden.[5] Die Vorstellung einer persönlichen Immunität teilt sie mit vielen anderen Menschen weltweit – »Mir passiert sowas doch nicht«. Kommt noch ein *confirmation bias* hinzu, also die Tendenz, auch unbewusst nur diejenigen Informationen aufzunehmen, die die eigene schon vorhandene Überzeugung stützen, werden Reaktionen auf Warnungen noch weiter erschwert und verzögert. Immerhin ist so ein Ereignis auch mit einem gewissen Kontrollverlust und einem vermutlich ungewünschten Eingriff in den geplanten Tagesablauf verbunden.

Gleichzeitig sprach ein großer Teil der damals anwesenden Belegschaft überwiegend Spanisch. Die Warnungen wurden aber nur auf Englisch herausgegeben. Solche Fälle gibt es häufig. Und so manch eine Nuance geht dann doch in der Übersetzung verloren, es entsteht eine Warnlücke. Bei Wetterwarnungen zu berücksichtigen, dass Menschen unterschiedlichster Herkunft oder Sprache mit der enthaltenen Information umgehen müssen, ist essenziell. Das ist kein einfaches Unterfangen: In den USA mit wachsender spanischsprechender Bevölkerung wird inzwischen immerhin ein Teil der Warnungen übersetzt. Ein wichtiger erster Schritt, bei dem sich aber auch schon Schwierigkeiten zeigten: Zum Beispiel ist die Übersetzung für das Wort *rip current*, also eine gefährliche Strömung im Meer, *corriente de resaca*, ein halbes Teekesselchen – nämlich für ein ordentliches *hang over*, einen Kater, auf Spanisch: *resaca*. Das wiederum hat nicht gerade dafür gesorgt, dass die Warnungen vor dieser Gefahr angemessen ernst genommen wurden. Wissenschaftlerinnen und Wissenschaftler haben hier ebenfalls herausgefunden, dass der Fokus beim Übersetzen nicht auf den Wörtern liegen sollte, sondern auf der Bedeutung. So nutzt der National Weather Service beispielsweise drei Kategorien: *Watch*, *Advisory* und als höchste Stufe das *Warning* – in der direkten spanischen Übersetzung wurde aber dem Wort für »Warnung« nicht die gleiche Gewichtigkeit beigemessen, sie wurde sogar geringer als ein *Advisory* eingestuft. Auch im Deutschen kann man sowohl *Advisory* als auch *Warning* mit »Warnung« übersetzen, so dass der feine Unterschied zwischen einer Empfehlung und einer Warnung nicht zwingend deutlich wird. So verlockend es also sein mag, große Mengen an Text einfach per KI übersetzen zu lassen: Die Nuancen können letzten Endes entscheidend sein. Um diese möglichst korrekt zu übertragen, ist in jedem Fall eine intensive Auseinandersetzung mit den Bedürfnissen und der Kommunikationsweise der betroffenen Bevölkerung unumgänglich.[6]

Und es fällt noch etwas auf: Sieben Menschen in der Kerzenfabrik waren Insassen eines nahegelegenen Gefängnisses – und hatten somit überhaupt gar keine Möglichkeit zur selbstbestimmten Kommunikation oder einem Mitspracherecht über ihren Aufenthaltsort. Sie waren erst recht von der Reaktion der Verantwortlichen vor Ort abhängig.

Auch während der Flut im Ahrtal im Juli 2021 gab es Menschen, die über ihren eigenen Aufenthaltsort nicht entscheiden konnten und somit auch keinerlei Möglichkeit hatten, sich vor dem Ertrinken zu retten: Zwölf Bewohnerinnen und Bewohner der Lebenshilfe in Sinzig sind durch die plötzlich auftretenden Wassermassen im Erdgeschoss ihres Wohngebäudes ums Leben gekommen. Und das ist einfach fürchterlich, bitter und grausam.

Es zeigt, wie elementar wichtig es auch angesichts der kommenden Jahrzehnte ist, sich frühzeitig Gedanken über den Umgang mit Warnungen im eigenen Umfeld zu machen. Dass Fehler hier katastrophale Auswirkungen haben können, macht die Sache nicht leichter: Spätestens seit der Flut an der Ahr wird uns auch hier in Deutschland klar, dass wir darüber nachdenken müssen, wie und wo wir Warnungen aussprechen, welche Warnsysteme wir nutzen und wie unsere Entscheidungsstrukturen aussehen sollen.

Wisst ihr, wo eure wichtigsten Dokumente sind, um schnell fliehen zu können? Dass man sich bei Starkregen nicht in einer Unterführung unterstellt, weil man hier sonst von sehr plötzlich aufkommenden Wassermassen überwältigt werden kann – auch dann, wenn euch dort noch nie zuvor nur ein Tropfen Wasser begegnet ist? Könnt ihr euren Nachbarn helfen, und wisst ihr überhaupt, wer in der Nachbarschaft gegebenenfalls Hilfe und Unterstützung bei einer eventuellen Evakuation bräuchte?

Wie sieht es auf der Arbeit aus? Beim Fußballtraining, Bergsteigen oder dem nächsten Ausflug im Kindergarten? Überall da, wo für viele Menschen Verantwortung übernommen und für deren Sicherheit vielleicht auch unbequeme Entscheidungen getroffen werden müssen: Wer sorgt dafür, dass faktenbasiert entschieden wird? Oder anders gesagt, wie wird verhindert, dass sich einzelne Menschen mit fatalen Meinungen und Fehlentscheidungen durchsetzen können? Wie werden möglichst alle Interessen und Bedürfnisse der Bevölkerung berücksichtigt? Hier kommt nämlich ein weiterer wichtiger Faktor ins Spiel: Für Einrichtungen wie die Lebenshilfe, im Schulministerium oder auch in Unternehmen sind es einzelne Personenkreise, die Entscheidungen treffen. Und die sind gerade in Deutschland, Österreich und der Schweiz vor allen Dingen meistens weiß und männlich – aber auch in der Meteorologie ist *diversity* wichtig.

WARNUNG VOR DER WETTERFEE

Katja Horneffer, Michaela Koschak und Inge Niedek beeindrucken als Wetterexpertinnen im Fernsehen mit ihren fundierten Kenntnissen und einer großen Palette an beruflichen Fähigkeiten. Seit Jahrzehnten liefern sie uns verlässliche und präzise Wettervorhersagen und zeigen eine umfassende Kompetenz für die vielfältigen meteorologischen Phänomene. Die Kombination aus meteorologischen Fähigkeiten und dynamischem Auftreten machen die drei beim abendlichen Wetterbericht zu respektierten Konstanten in Deutschlands Wohnzimmern.

In den Fernsehstudios strahlen auch drei charismatische Meteorologen mit der Sonne um die Wette: Abend für Abend begeistern Carsten Schwanke, Sven Plöger und Jörg Kachelmann uns mit ihrem bezaubernden Lächeln und ihrem adretten und authentischen Auftreten. Stets sind sie auch bedacht, das Publikum mit Tipps zum Umgang mit Hitze und Schneechaos zu umsorgen. Ihre charmante Art macht es zu einer ungetrübten Freude, sich nach einem anstrengenden Tag bei der Wettervorhersage zu entspannen.

Klingt komisch? Ist es auch. Zusammengesucht aus Texten über Frauen versus Texten über Männer und dann seitenverkehrt aufgeschrieben.

Auch umgekehrt wird ein Schuh daraus: Als ich studiert habe, waren wir in meinem Jahrgang insgesamt sieben – sechs Frauen und ein Mann. Ein Sonderfall, die Verteilung liegt im Studium bei etwa 50:50. Nach dem Studium geht es der Meteorologie wie vielen anderen Naturwissenschaften auch: Während der Frauenanteil während der Promotion noch bei ungefähr 36 Prozent liegt, sind es bei den Post-Docs noch etwa 24 Prozent. Auf der professoralen Ebene sind dann noch 15 Prozent Frauen, Tendenz über die Jahre langsam ansteigend.[7] Die Sichtbarkeit von Frauen in der Wissenschaft ist schon seit Jahren ein Thema, es wird mehr Wert auf das Vermeiden von #manels, also ausschließlich männlich besetzten Podiumsdiskussionen, gelegt, und man bemüht sich, durch gezielte Programme Frauen in der Wissenschaft zu fördern. Ich wünschte, man könnte es optimistisch dabei belassen und sich entspannt zurücklehnen – denn bis die Förderprogramme greifen, braucht es ja auch einfach ein bisschen Zeit. Trotzdem halten sich auch in der öffentlichen Wahrnehmung von Meteorologinnen Begriffe, die ich zumindest einmal hinterfragen wollte: Wetterfee oder *weather girl* sind Bezeichnungen, die verniedlichen. Und es mag angesichts der vielen Probleme, die auf der Welt herrschen, nichtig erscheinen, sich daran zu stören, wie Wettermoderatorinnen bezeichnet werden – aber Sprache ist Macht.

Diese Begriffe und die Vorstellung von Frauen als bezaubernden und putzigen kleinen Wesen suggerieren nicht unbedingt Kompetenz, Verlässlichkeit, Vertrauen.

Und natürlich darf jemand auch mal wie eine gute Fee freundlich lächeln, fröhlich strahlen oder sich liebevoll kümmern. Es ist nur eigenartig, wenn diese Begriffe bevorzugt einem Geschlecht zugeordnet werden. Ein guter Test ist das Seitenverkehren, nach dem beliebten Instagram-Account von Mirja Siegel: einfach mal den Text umdrehen. Wenn es komisch klingt, ist es sexistisch. So einfach ist das.

Wenn Studien dann aber zeigen, dass die gleiche 30-sekündige Vorhersage von einer Wettermoderatorin vorgetragen weniger überzeugend und kompetent auf Zuschauende wirkt als die Ansage eines Mannes, wird vielleicht klar, worauf das hinausläuft: Geschlechterspezifische Glaubwürdigkeitsunterschiede, oder auf Englisch eleganter *gender specific credibility*, können gefährlich werden, Wetterfee hin oder her.[8] Denn wenn ich gerade Wettermoderatorinnen weniger ernst nehme, ist das spätestens bei Unwetterwarnungen ein Problem. In einer Gesellschaft, in der Frauen noch viel zu oft als hysterisch gelten oder als zu emotional, um rationale Entscheidungen treffen zu können, lohnt es sich, einmal zu überlegen: Wer würde in der eigenen Familie oder auf der Arbeit im Ernstfall darüber entscheiden, rechtzeitig zu evakuieren? Wessen Bedenken würden ernst genommen werden?

Auch hier, wem diese Fragen geradezu grotesk und veraltet vorkommen, dem oder der gratuliere ich von Herzen. Es gibt aber noch eine Vielzahl von Bereichen, wo genau diese Art von *credibility gap* in der Meteorologie gefährlich ist. Beispielsweise werden Stürme in vielen Ländern mit Männer- und Frauennamen benannt.

GUTEN TAG, STURM MEIN NAME! Ursprünglich scheint der australische Meteorologe Clement Wragge die Idee gehabt zu haben, Stürme mit Vornamen zu bezeichnen – meist waren es Frauennamen und/oder (je nach Quelle) andere unbeliebte Personen. Auch in den USA begann man in den 50er-Jahren, Stürme nach den eigenen Ehefrauen zu benennen. Das erwies sich zwar zunächst als praktikabel für die Kommunikation, aber kam mit der Zeit durchaus in die Kritik: Negative Assoziationen an Frauennamen zu knüpfen – muss ja nun wirklich nicht sein, dachten sich einige Frauen und schrieben Briefe über Briefe an die zuständigen Organisationen. Letztlich mit Erfolg: 1979 wurden in den USA Sturmsysteme erstmalig auch nach Männern benannt, und danach immer schön abwechselnd: ein Jahr so, ein Jahr so.

Auch in Deutschland hat man sich in den 50ern Gedanken über die gezielte Benennung von Tief- und Hochdruckgebieten gemacht und den Vorschlag der Studentin Karla Wege angenommen, Tiefdruckgebiete mit weiblich gelesenen, Hochdruckgebiete mit männlich gelesenen Vornamen zu bezeichnen. Da Tiefdruckgebiete öfter mit schlechtem Wetter assoziiert sind, Hochdruckgebiete uns dagegen eher Sonnenschein bescheren, wurden auch hier kritische Stimmen laut. Herrliches Wetter sollte nicht mehr nur den Herren zugeschrieben sein. Es dauerte aber diesmal sehr viel länger bis zur Änderung, erst 1998 war es so weit – und man folgte der WMO-Empfehlung, die Benennung von Hoch- und Tiefdruckgebieten einfach jährlich zu wechseln. Karla Wege war zwischenzeitlich promovierte Meteorologin und moderierte erfolgreich über 30 Jahre Wettersendungen beim ZDF. Sie wunderte sich über die Kritik, denn immerhin seien Tiefdruckgebiete länger in der Berichterstattung, Quantität vor Qualität?

2014 hat ein Team um den Sozialpsychologen Kiju Jung untersucht, ob es eine geschlechterspezifische Verknüpfung zwischen den Schäden eines Hurrikans und dem weiblich oder männlich gelesenen Namen des Sturms gibt.[9] Victoria oder Victor, wer ist schlimmer? Jedes Jahr sterben in den USA mehr als 200 Menschen an den Folgen von Hurrikanen, bei besonders schlimmen wie zum Beispiel Katrina sogar über 1350 Menschen. Wenn jetzt Sturm Victoria allein aufgrund des Namens als weniger intensiv und stark wahrgenommen wird, sorgt es im Umkehrschluss dafür, dass Victor doch sicher auch der risikoreichere und intensivere Sturm ist. Wenn Männern also in unserer Gesellschaft eher Attribute wie stark, kompetent, aggressiv und Frauen eher solche wie warm, freundlich, weich und passiv zugeschrieben werden, braucht man sich nicht wundern, wenn sich das auch auf die wahrgenommenen Eigenschaften des Hurrikans überträgt. In nackte Zahlen übersetzt bedeutet das: Basierend auf dem in der Studie verwendeten Modell würde allein die Umbenennung eines starken Hurrikans wie Charley in Eloise von 14,87 Toten zu 41,45 Toten führen. Dieser statistische Zusammenhang konnte nur für die starken Hurrikane nachgewiesen werden – aber das sind gerade die, bei denen auch die meisten Menschen sterben können. Und da ich so oder so Schwierigkeiten damit habe, dass sich unsere Gesellschaft an jeder Ecke aus einer rosa-hellblauen Schublade voller geschlechtsbezogener Klischees bedient, schlage ich aus meteorologischer Sicht vor, jedem Menschen die Eigenschaften aggressiv, warm, kompetent, passiv und stark zuzugestehen.

Und sosehr wir uns vielleicht weigern anzuerkennen, dass auch wir manchmal sexistisch oder rassistisch sind (und noch vieles mehr), sosehr dieses »woke Gehabe« zu nerven scheint: *let's fix it.* Denn solange sich die patriarchalen Strukturen so deutlich auf unseren Alltag ausprägen, besonders in Gefahrensituationen, hilft nur eins: viel Arbeit und Hinterfragen, auch von so harmlos klingenden Begriffen wie der Wetterfee. *Better safe than sorry.*

CHECK YOUR BIAS! Niemand möchte sexistisch, rassistisch, ableistisch oder auf andere Weise diskriminierend sein – ich auch nicht. Wir alle sind aber in einer Gesellschaft groß geworden, in der genau diese Strukturen tagtäglich vorgelebt werden, wir nehmen diese Klischees und gefühlten Wahrheiten seit Jahren unbewusst auf und speichern sie mehr oder weniger fest ein. Zu merken, dass man zwar keine Hautfarben oder Geschlechter sehen will, aber leider trotzdem manchmal rassistisch oder sexistisch denkt, ist schmerzhaft. Da hilft nur Augen auf und durch: Wer das Problem erkannt hat, hat schon einen großen Schritt getan. Um zu testen, auf welchen Kanälen man vielleicht doch etwas mehr *Unconscious Bias* hat, einfach mal bei *Project Implicit* der Harvard-Universität vorbeischauen. Es kann überraschen – positiv wie negativ.

Donnerwetter – wenn's mal richtig kracht

Wer auf der Suche nach einer besonders eindrücklichen Form von Wetter ist, ist bei Gewitter und Sturm genau richtig: Weltuntergangsstimmung auf Knopfdruck. Dass diese Gewitter nicht ungefährlich sind, kriegen wir schon als Kinder beigebracht. Ich bin zum Beispiel mit dem Spruch »Weiche Eiche, suche Buche« groß geworden, was mich insbesondere deshalb vor große Herausforderungen gestellt hat, weil ich zwar Eichenblätter sehr gut erkennen konnte, Buchen aber nur im Herbst anhand der Bucheckern. Nicht auszudenken, ich hätte mich dank fehlerhafter Baumbestimmung statt unter einer Buche unter einer Linde wiedergefunden! Auch für Baumbestimmungskoryphäen ist der Merkspruch ein denkbar schlechter, denn in jedem Fall sollte man jegliche Form von Bäumen meiden – zum einen schlägt ein Blitz meist in die höchste Stelle ein, die er finden kann, und zum anderen können durch Sturm herabfallende Äste gefährlich werden.

VOM BLITZ GETROFFEN

Blitze schlagen auf verschiedene Arten ein, nämlich entweder als Direktschlag, Blitzüberschlag, Berührungsspannung oder Schrittspannung. Daran sieht man: Auch davonrennen ist keine gute Idee. Beim Rennen würde man nämlich zu große Schritte machen, durch die wiederum Spannungsunterschiede aufträten – die mögen Blitze aber besonders gerne. Der beste Schutz ist es, einem Gewitter gar nicht erst ausgesetzt zu sein – und sollte man sich plötzlich doch auf einem freien Feld befinden, während sich dunkle Wolken am Horizont auftürmen, lohnt es sich, kurz einmal nachzurechnen, wie viel Zeit einem noch bleibt: Das Licht des Blitzes breitet sich mit Lichtgeschwindigkeit aus, also mit ungefähr 300 000 km pro Sekunde – den Blitz am Horizont sieht man sofort. Der Schall des Donners ist dagegen mit 330 m pro Sekunde im Schneckentempo unterwegs und benötigt für einen Kilometer Distanz 3 Sekunden. Sieht man also am Horizont die Blitze, hört den Donner aber erst einige Sekunden später, könnte man es vielleicht noch an einen sicheren Ort schaffen: zum Beispiel in ein Auto, das einen Faraday'schen Käfig darstellt. Guten Schutz bieten auch andere Metallgehäuse, Käfige (falls zur Hand), Zug und Flugzeug, und auch in Häusern ist man meist sicher. Sollte man gerade keine dieser Schutzmöglichkeiten zur Hand haben, ist die beste Strategie, sich in einer Kuhle auf dem Boden zusammenzukauern und möglichst klein zu machen. Aber auf gar keinen Fall hinlegen oder breitbeinig hinstellen: Auch hier entsteht wieder ein zu großes Spannungsgefälle. Ebenso ist es wegen der hohen Leitfähigkeit von Wasser wichtig, Gewässer bei Gewitter zu vermeiden.

Aktuell werden in Deutschland etwa 50 Personen pro Jahr durch einen Blitzeinschlag verletzt, in 15 Prozent der Fälle auch mehrere Personen gleichzeitig. In 10 bis 20 Prozent der Fälle endet der Einschlag tödlich: Pro Jahr sterben hierdurch zwischen 3 und 7 Menschen.[1] Aber was passiert genau, wenn man von einem Blitz getroffen wird? Schlägt der Blitz im Körper ein, kann das verschiedene Dinge zur Folge haben. Neben Verbrennungen der Haut sind das:

- vorübergehende Nerven- und Muskellähmungen
- erhöhter Blutdruck
- Bewusstlosigkeit
- Gehirnschädigungen und Schäden des Zentralnervensystems
- Herzschädigungen, Herzkammerflimmern
- Herzstillstand
- Atemstillstand
- Knochenbrüche, die durch eventuelle Stürze auftreten.

Sekundäre Folgen beinhalten oft neurologische Beeinträchtigungen wie zum Beispiel Konzentrationsschwierigkeiten oder posttraumatische Belastungsstörungen und die Entwicklung von chronischen Schmerzen oder gestörtem Temperaturempfinden an den vom Blitzeinschlag betroffenen Stellen.

Festivalbesucher, Golfspielerinnen und outdoorbegeisterte Menschen sind vermehrt unter den Blitzschlag-Opfern zu finden – das zeigt, wie wichtig es ist, bei Aktivitäten im Freien zumindest die Unwetterwarnungen im Blick zu halten und ernst zu nehmen. Wer sich dabei ertappt zu denken: »Ach, vom Blitz getroffen zu werden ist so wahrscheinlich wie ein Sechser im Lotto« – das stimmt, bezogen auf das gesamte Leben einer/s Durchschnittsdeutschen. Befindet man sich aber erst einmal im Gewitter, ist die Wahrscheinlichkeit um ein Vielfaches höher.

»Weiche Eiche, suche Buche« ist also definitiv poetisch, aber besser wäre der Merkspruch: »Meide jeden Baum, Hauptsache, man sieht dich kaum« oder »Blitze schlagen ein? Mach dich einfach richtig klein«. Sowieso ist Prävention die halbe Miete: »Laut App sind Blitze zu erwarten, spiele besser drinnen Karten.« Ich entschuldige mich für die mittelprächtigen Reime. Aber vielleicht ist einer davon so schlecht, dass er hängen bleibt.

Zusätzlich zu den bereits genannten Auswirkungen eines Blitzschlags listet der VDE-Ausschuss für Blitzschutz und Blitzforschung noch einen weiteren Punkt: Möglicherweise führt ein **BLITZEINSCHLAG** nämlich zu Persönlichkeitsveränderungen. Hierzu finden sich schon frühe Beschreibungen wie zum Beispiel in der von George Roberts verfassten Biographie über die Fossiliensammlerin Mary Anning (1799–1847). Roberts berichtet darin, dass Anning bis zum Alter von 1,5 Jahren ein eher phlegmatisches Kind war. Erst nach einem Blitzeinschlag hat sie sich in ein munteres Mädchen verwandelt.[2] Da sich hierzu nur wenige Quellen finden, Kleinkinder grundsätzlich in diesem Alter eine große Entwicklung durchleben und der Zeitraum doch einige Jahre her ist, habe ich weitergesucht: Und tatsächlich berichtet der Chirurg Tony Cicoria, der im Jahr 1994 während des Geburtstags seiner Schwiegermutter vom Blitz getroffen wurde, von einer für ihn sehr deutlichen und eindeutig mit dem Blitzschlag zusammenhängenden Veränderung seiner Persönlichkeit. Nur wenige Wochen nach dem Einschlag entwickelte er plötzlich eine vorher unbekannte Faszination für klassische Musik.[3] Sie wurde so groß, dass er nicht anders konnte, als im Alter von 42 Jahren das Klavierspielen zu erlernen. Später begann er sogar, die Klaviermusik, die er immer wieder plötzlich einfach im Kopf hörte, als Komponist in Noten zu übertragen.

Gewitter können zu jeder Jahreszeit entstehen: Sie benötigen einen großen Temperaturunterschied zwischen Boden und Höhe und eine gewisse Feuchtigkeit. Gewitter zeichnen sich nicht nur durch imposante Wolkenformationen aus (*Cumulonimbus*), sondern gehen mit zwei beeindruckenden Begleiterscheinungen einher: Licht und Schall oder anders: Blitz und Donner.

THUNDER AND LIGHTNING

In Gewitterwolken kommt es besonders im sehr kalten Inneren der Wolke zu starken Aufwinden. Dadurch werden kleinere Eispartikel vertikal nach oben bewegt. Größere Partikel wie Graupel fallen aufgrund ihrer Masse abwärts. So kommt es zu Kollisionen, damit zu Reibungen zwischen den Teilchen und zu einer Ladungstrennung. Üblicherweise steigen die Eispartikel positiv geladen auf, während sich an der Wolkenunterseite meist die negativen Ladungen sammeln. In jedem Fall entsteht ein stetig anwachsendes elektrisches Spannungsfeld, und die daraus resultierenden Spannungsunterschiede führen letztlich über einen Kurzschluss zur Entladung, oder: zu Blitzen. Ein Blitz ist durchschnittlich bis zu 10 km lang und setzt sich meist aus mehreren Entladungen, also einer Summe von »Folgeblitzen«, zusammen. Dabei dauert er nur – je nach Anzahl der Folgeblitze – zwischen 100 und 250 Millisekunden.

Es gibt verschiedene Arten von Blitzen: Wolkenblitze, also Blitze innerhalb einer Wolke oder zwischen zwei Wolken (Wolke-Wolke-Blitze), leuchten waagerecht und machen etwa 80 Prozent der Blitze aus. Bei Erdblitzen erfolgt die elektrische Entladung zwischen Wolke und Erdoberfläche – und somit sind sie senkrecht am Himmel zu sehen. Hier werden wieder zwei Arten unterschieden, die Positiv- und die Negativblitze, bezogen auf die Ladung an der Wolkenunterseite.

Und es gilt: kein Blitz ohne Donner. Die hohen Temperaturen im Blitzkanal von über 30 000 °C sorgen dafür, dass sich die Luft im Kanal ausdehnt und dadurch schlagartig Schallwellen in Bewegung setzt.

Ist es ein besonders intensiver Gewittertag, können deutschlandweit bis zu 100 000 Blitze an einem Tag auftreten – weltweit schätzungsweise bis zu 3 Millionen täglich. Das sind immerhin 44 Blitze pro Sekunde![4] Dabei gibt es durchaus eine zeitliche und räumliche Verteilung, denn die blitzbegünstigenden Wetterlagen sind nicht überall auf der Erde gleich häufig.

ENTSTEHUNG VON GEWITTERN[5]

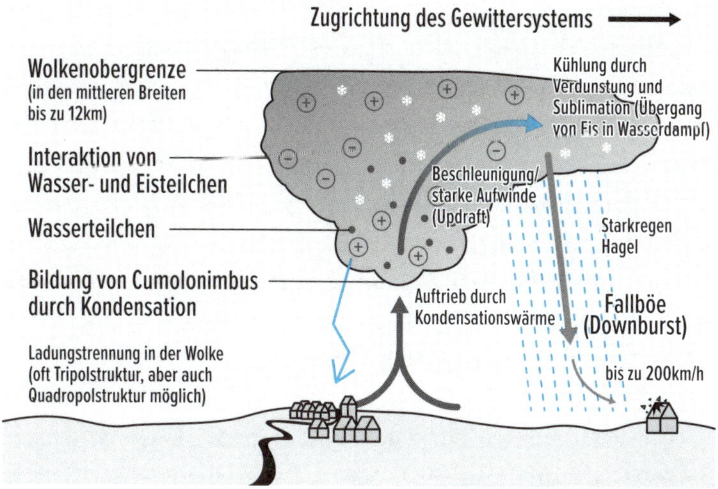

Entgegen der geläufigen Meinung werden Pollen durch Regen und Gewitter nicht »aus der Luft gewaschen«. Im Gegenteil: Es gibt eine spezifische Art von Asthma, das mit Gewittern in Verbindung gebracht wird: **GEWITTERASTHMA**. Während der Entstehung von Gewittern können starke Winde Pollen und andere in der Luft enthaltene Allergene aufwirbeln. Dadurch kann es zu einer Freisetzung von Subpollenpartikeln kommen, nämlich winzigen Fragmenten von Pollenkörnern, die besonders tief in die Atemwege eindringen können. Man vermutet, dass eine erhöhte Luftfeuchtigkeit zu einer vermehrten Freisetzung von Pollen führt. Andere Studien zeigen, dass die Kombination von Trockenheit und häufigen Blitzen Pollen förmlich zum Bersten bringt und so große Mengen an Subpollenpartikeln freisetzt.

Symptome von Gewitterasthma können Atemnot, Husten, Keuchen und eine Verschlechterung von Atemwegsproblemen sein. Vor allem bei Menschen, die ohnehin schon anfällig dafür sind, kann dadurch eine heftige Reaktion ausgelöst werden, die eine sofortige medizinische Behandlung erfordert.[6] In Melbourne kam es im November 2016 auf dem Höhepunkt der Gräser-Saison zu einem so schweren Ausbruch von Gewitterasthma, dass Tausende Menschen zeitgleich medizinisch behandelt werden mussten und zehn Menschen sogar an den Folgen verstarben. Hier zog das Gewitter bei ausgeprägter Trockenheit zunächst über Felder außerhalb der Stadt, so dass die Aufwinde große Mengen an Pollen in die Gewitterwolken transportierten. Hohe Blitzaktivität führte zu einer extremen Ansammlung von Subpollenpartikeln, die dann beim Eintreffen in der Stadt durch Abwinde in Bodennähe gebracht wurden.

In Deutschland treten Blitze größtenteils in den Sommermonaten zwischen Mai und September auf, Gewitter können aber auch im Winter entstehen. In Süddeutschland finden sich mehr Blitze als in Norddeutschland, wie auch grundsätzlich in höheren Lagen.[7] Mithilfe eines europaweiten Messnetzes von über 160 Stationen stellt der Informationsdienst von Siemens eine bis auf 200 m genaue Karte der Blitzverteilung über Deutschland zur Verfügung, und zwar schon wenige Sekunden nach Einschlag. So hat sich über 13 Jahre hinweg eine Stadt als *Blitz City* herauskristallisiert – die meisten Blitze schlugen damals in Chemnitz ein.[8]

Global gesehen verteilen sich Gewitter und damit auch Blitz und Donner besonders auf die Breitengrade entlang des Äquators, mehr über Land als über Ozean, mehr im Sommer der jeweiligen Halbkugel und insgesamt auch mehr Blitze auf der Nordhalbkugel – die auch sehr viel mehr Landmasse hat als die Südhalbkugel. Und auch international gibt es eine Region, die den unbestrittenen Blitz-Rekord hält: das Mündungsgebiet des Flusses Catatumbo in Venezuela am Maracaibo-See. Fast das ganze Jahr über kommt es hier besonders aufgrund der geographischen Lage Abend für Abend zu einer Blitzaktivität von bis zu 60 Blitzen pro Minute. Pro Jahr macht das insgesamt knapp 1,2 Millionen Blitze![9, 10] Während man in Venezuela aber probiert, die Besonderheit der Region, das *Relampago del Catatumbo* oder auch *Catatumbo Lightning*, zum UNESCO-Weltkulturerbe zu machen, zeigte man in Chemnitz noch wenig Identifikation mit dem ruhmreichen Meistertitel.

AUF DER JAGD NACH DEM STURM

Storm Chaser sind Menschen, die sich gezielt auf die Suche nach Tornados, Superzellen – also besonders starken Gewittergebilden – und anderen Extremereignissen der stürmischen Art machen. Die erste erfolgreiche Tornadovorhersage auf der Tinker Air Force Base ist auf das Jahr 1948 datiert, und die ebenfalls wachsenden Möglichkeiten, das Erlebte in Bild und Ton festzuhalten, trieben die Idee, einen Sturm wirklich mit eigenen Augen zu beobachten, voran. Als einer der ersten Storm Chaser gilt der Amerikaner David Hoadley, der 1956 nach seinem High-School-Abschluss begann, in North Dakota auf Sturmjagd zu gehen. Als Amateurmeteorologe fuhr er nicht nur über 1,2 Millionen Kilometer auf der Suche nach Tornados, sondern war auch Mitbegründer der Zeitschrift *Storm Track*. Mit zunehmender medialer Berichterstattung, vielleicht auch befeuert durch Filmklassiker wie den 1996 erschienenen Film *Twister*, erfreut sich das *Storm Chasing* immer größerer Beliebtheit. Mittlerweile arbeiten Storm Chaser mit Fotografinnen und Meteorologen Hand in Hand, teilweise organisieren sich auch wissenschaftliche Konferenzen während der Saison, bei denen gemeinsam nach Tornados gesucht wird. Dies dient nicht nur dem Grundlagenverständnis, sondern durch die so gewonnenen Daten auch der Verbesserung von Vorhersagen und somit Frühwarnsystemen.

Motivation ist hierbei meist eine Mischung aus Neugierde, der Suche nach Abenteuer oder auch dem Wunsch, der wissenschaftlichen Forschung zu dienen. Besonders in Regionen, die häufig von Superzellen und Tornados heimgesucht werden, wie zum Beispiel in Texas oder den Great Plains in den USA, kommen in der Saison Hunderte von Storm Chasern zusammen. Und wir alle können ihnen über die Schulter gucken: Eine der *Twister Sisters*, Melanie Metz, begibt sich jedes Frühjahr auf die Suche nach dem perfekten Sturm – und teilt die Aufnahmen auf YouTube.[11] In bestimmten Regionen gehören Storm Chaser sogar offiziell ins Team der Radio- und Fernsehsender, wie zum Beispiel der Storm Chaser Hank Schyma, der ebenfalls auf YouTube als Pecos Hank bekannt ist. Auch auf seinem Kanal finden sich spektakuläre Einblicke und Interviews in Zusammenarbeit mit Wissenschaftlerinnen und Wissenschaftlern, die die verschiedenen beobachteten Extremereignisse einordnen und erklären. Genauso liefern *Girls Who Chase* historische Informationen und diskutieren – wie alle oben genannten – die Begleiterscheinungen des Storm Chasing, denn es ist nicht nur riskant, sondern oft auch mit sehr viel Warterei und Frustration verbunden. Und nicht zuletzt mit ethischen Fragen: Wie geht man mit der Freude über den Tornado am Horizont um, wenn besagter Tornado mit zerstörerischer Kraft nur wenige Kilometer weiter für Todesfälle sorgt? Übrigens, wer das Studium der Meteorologie aus der Faszination für Storm Chasing heraus beginnt: Es gibt nicht nur in den USA Universitäten, wo Storm Chasing als Studienleistung gewertet wird.

Rund um Blitz und Donner ranken sich auch viele rätselhafte und faszinierende Phänomene, wie Kugelblitze, Elmsfeuer und Irrlichter. Früher wurden diese oft durch Geister oder die Einwirkung von Schutzpatronen erklärt, dabei finden sich für alle mittlerweile physikalische Erklärungen. So waren Irrlichter, auch *Ignis fatuus* genannt, meist in Mooren zu finden, wo sie einsame und späte Wandersleute vom Weg lockten.[12] Dabei führen gängige Erklärungsansätze diese vermeintlichen kleinen Geister auf optische Täuschungen, elektrostatische Entladungen oder Methangas zurück, das in feuchten oder sumpfigen Böden entsteht und sich bei Kontakt mit Luft kurz entzünden kann. Auch biolumineszente Organismen wie zum Beispiel bestimmte lichtemittierende Pilze oder Mikroorganismen könnten in der Dunkelheit als geisterhafte Leuchterscheinungen wahrgenommen werden.[13] Im Vergleich zu Geistern ist diese Erklärung durchaus banal, aber die Welt des Wetters hat noch weitere mythische Elemente zu bieten.

Mythos Wetter

Wie unvorstellbar muss ein plötzlicher Wetterumschwung in frühen Zeiten gewirkt haben! Bevor Verständnis für die physikalischen Prozesse hinter Stürmen, Hagel, Regenbogen und Co entwickelt werden konnte, rankten sich bereits viele Mythen und Geschichten um das Wetter. Vielleicht auch, um die scheinbare Willkür, mit der ein Sturm oder ein Wetterereignis nicht nur Pläne, sondern ganze Existenzen zerstören konnte, zu rechtfertigen und zu erklären.

Ob Angst oder Faszination, in nahezu jeder Kultur finden sich Assoziationen, Interpretationen und Spekulationen über das Wetter und seine Verbindung zu einer göttlichen oder spirituellen Kraft.

ZWISCHEN TRADITION UND RELIGION

Allein die Hölle! Was dort für Wetter herrscht! Fest steht: Sie ist immer ein sehr ungemütlicher bis lebensfeindlicher Ort (liegt wohl in der »Natur« der Sache). Aber sie ist nicht nur viel zu heiß, wie die Bibel nahelegt. Darin wird gewarnt vor Feuer, aber auch vor Dunkelheit (eine interessante Kombination). In der nordischen Mythologie hingegen ist der Ort der Verdammnis, *hel*, eiskalt – zumindest für diejenigen Toten, die sich zu Lebzeiten vor allem durch Verbrechen oder Lügen verdient gemacht haben.

Beim Sichten der vielen verschiedenen mit dem Wetter verknüpften Gottheiten fällt vor allem auf, dass der Großteil von ihnen sich offenbar mit eher negativ behafteten Wetterphänomenen beschäftigt: Regen, Wind, Sturm, plötzlichen Wetteränderungen, Blitz und Donner. So ist Huracán der Gott der Maya für Wind, Sturm und Feuer, Donar bringt den Germanen Donner und Blitz. Es finden sich neben diversen Sonnengottheiten aber auch einige, die mit schönem Wetter oder Regenbogen assoziiert werden. Manzat galt in Mesopotamien als Göttin des Regenbogens, und Libtakan kannte man in der philippinischen Mythologie als Gott für Sonnenauf- und -untergang und schönes Wetter.[1]

Dass ein Gott Einfluss auf das Wetter nehmen kann und nimmt, wurde lange Zeit als gegeben angesehen. So heißt es in einem christlichen Kirchenlied aus dem 17. Jahrhundert:

> »es donnert sehr, o lieber gott!
> wir hörens warlich ohne spott.
> machs mit dem wetter nicht zu lang,
> es ist uns hertzlich angst und bang.«[2]

Diese Vorstellung von göttlicher Wetterwirksamkeit findet sich in vielen Religionen mit ähnlichen Elementen wieder.[3] Synkretismus, das Verschmelzen von Religionen, sorgt dafür, dass manche Figuren aus dem Götterreich in verschiedenen Mythologien als unterschiedliche Personen auftauchen. So entspricht Thor aus der nordischen Mythologie gleichzeitig dem Donar der Germanen und dem angelsächsischen Thunor. Mariammam ist eine Hindu-Göttin des Regens, im Kongo heißt sie Bunzi. Das Christentum als monotheistische Religion hat statt eines zusätzlichen Wettergottes Petrus als Stellvertretung, in seiner Funktion als Wächter der Himmelspforte ist er insbesondere zuständig für Regen: »Petrus hat die Himmelsschleusen aufgemacht.«

Durch alle Kulturen zieht sich, dass das Wetter oft als pädagogische Konsequenz gesehen wird: Die Götter möchten uns etwas beibringen, uns für schlechte Taten bestrafen oder uns durch gutes Wetter belohnen. Besonders auffällig: Gottgesandte Sintfluten gelten als beliebte pädagogische Konsequenz in zahlreichen Religionen und Mythologien. Die sumerische Sintflut aus der mesopotamischen Mythologie zählt zu den ältesten bekannten Aufzeichnungen einer Sintflut und entstand vermutlich zwischen dem 21. und 18. Jahrhundert v. Chr. Auf Tontafeln wird erzählt, wie der Held Utnapischtim von den Göttern auserwählt wird. Er soll die große Flut überleben, indem er eine Arche für Tier und Mensch baut.[4] Klingt nach biblischer Sintflut (Christentum, Judentum und Islam) und Arche Noah, und auch in der aztekischen Mythologie kommt es zu einer globalen Flut: Nur ein Mann namens Coxcox und seine Frau Xochiquetzal werden dabei verschont und bevölkern die Erde nach der Sintflut wieder.

Der darauffolgende Regenbogen als Zeichen der Versöhnung ist ein in der christlichen Religion viel genutztes Symbolbild – ganze Taufen, Erstkommunionen und Co sind in den Farben des Regenbogens ausgerichtet. Kein anderes Wettersymbol ist emotional so anziehend und wird so häufig symbolisch verwendet wie der Regenbogen. Er begegnet uns an vielen Stellen und steht als universelles Zeichen für Frieden, Gemeinschaft und Hoffnung.

SOMEWHERE OVER THE RAINBOW

Mit dem Regenbogen berühren sich Himmel und Erde – vielleicht wenig verwunderlich, dass er in vielen Religionen als ein Symbol der Verbindung zwischen Himmel und Erde gilt. Ich bin im christlichen Glauben aufgewachsen, aber in meiner Kindheit wurde dem religiösen Symbol noch eine weitere Bedeutung zugeschrieben. Ergänzend zur faktenbasierten Aufklärung ist nämlich die Regenbogenrutsche statt des Storches der Herkunftsort von Babys. Denn über diese rutschen die aus Sternenstaub geformten Babys auf die Erde hinab zu ihren Eltern. Ja, ich weiß ... Aber irgendwie trotzdem schön.

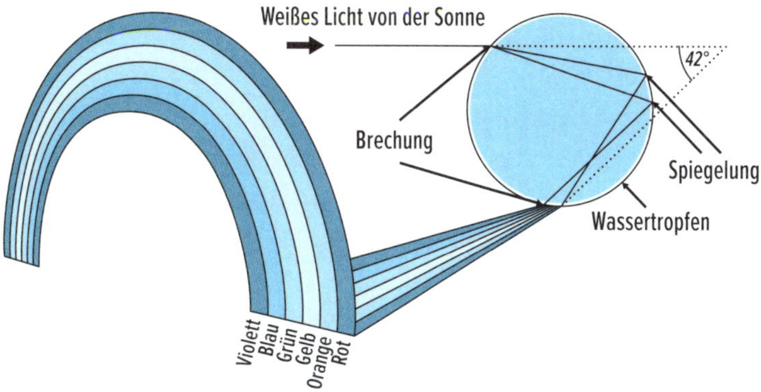

Zurück zu den Fakten: Ein Regenbogen lässt sich durch Strahlenoptik erklären. Er entsteht durch die zweifache Lichtbrechung von Sonnenlicht an Wassertropfen. Die Brechung des einfallenden Lichts ist je nach Wellenlänge unterschiedlich stark – und das weiße Licht wird in seine Spektralfarben geteilt. Blaues Licht wird stärker gebrochen als rotes, deshalb sehen wir den Hauptregenbogen im bekannten Farbspektrum von Rot über Orange, Gelb, Grün, Blau und Violett. Es lohnt sich, genau hinzuschauen: Manchmal lässt sich oberhalb des Hauptbogens ein Nebenregenbogen erkennen, der die umgekehrte Farbfolge zeigt und meist erheblich schwächer in der Farbintensität ist. Der Bereich zwischen Haupt- und Nebenbogen ist dunkler als der restliche Himmel. Die größte Ausdehnung erreicht ein Regenbogen dann, wenn die Sonne möglichst nah am Horizont steht, am wahrscheinlichsten sind Regenbogen also am Morgen und am Abend zu sehen und bei einem Winkel von 42°. Manchmal erkennt man zusätzlich noch am violetten Rand des Hauptbogens einen sekundären Regenbogen in genau umgedrehter Reihenfolge.

Beim Regenbogen wird also weißes Licht durch Brechung in die einzelnen Spektralfarben aufgeteilt – die Anordnung bleibt dabei immer gleich. Umgekehrt: Nimmt man einen Kreisel, der in Regenbogenfarben angemalt ist, und dreht diesen schnell, wird er weiß erscheinen.

Im Wetter- und Klimalexikon des Deutschen Wetterdienstes finden sich für den Mond tatsächlich nur drei Einträge: Mondfinsternis, Mond-Halo und **MONDREGENBOGEN**. Von Letzterem habe ich bisher nur gehört und würde ihn nur zu gerne einmal sehen: Dieser entsteht, wie auch ein Regenbogen, wenn Licht in Regentropfen gebrochen und reflektiert wird. Allerdings ist er schwieriger zu sehen. Der Mond reflektiert nur um die 10 Prozent des einfallenden Sonnenlichts, somit sind die Lichtstrahlen um ein Vielfaches schwächer als bei einem klassischen Regenbogen. Genug Licht ist nur um den Vollmond herum vorhanden, und selbst dann sollte man sich in einer sehr lichtarmen Umgebung befinden, um den Mondregenbogen bestaunen zu können. Gleichzeitig lassen sich die Farben des Mondregenbogens mit dem Auge nur schwer erkennen, da unsere Augen im Dunkeln Farben nicht gut sehen können.[5]

Frei nach Sheldon Cooper aus *The Big Bang Theory* folgt jetzt etwas Vexillologie, die Lehre vom Fahnen- und Flaggenwesen: So werden den verschiedenen Spektralfarben in der Gay-Pride- und Wiphala-Flagge symbolische Bedeutungen zugewiesen.

	Gay Pride	Wiphala
Pink	Sexualität	
Rot	Leben	Erde und (Anden-)Mensch
Orange	Heilung	Kultur und Gesellschaft
Gelb	Sonnenlicht	Energie und Stärke
Weiß		Zeit und Wandel
Grün	Natur	Natur und Reichtum
Türkis	Kunst	
Blau	Harmonie und Frieden	Der Kosmos
Lila	Geist und Spiritualität	Politik und Selbstwirksamkeit

Die Wiphala-Flagge ist eines der ältesten Regenbogensymbole und stammt aus der indigenen Kultur Südamerikas[6]: Die genaue Herkunft ist unklar, aber erste Funde datieren sie noch vor die Zeit der Inkas. Sie besteht aus meist 7 mal 7 quadratischen Feldern, die zu einem Muster angeordnet sind und in Farbe und deren Anordnung je nach Region variieren. Heute repräsentiert die Flagge verschiedene indigene Völker in Südamerika. Auch eine weitere Regenbogenflagge dient der Repräsentation: Gilbert Baker wurde 1978 damit beauftragt, ein neues Symbol für die jährliche Pride Parade in San Francisco zu kreieren.[7] Bis dato hatte es kein positiv besetztes Symbol gegeben, das die Community zur eigenen Identifikation verwenden konnte. Im Gegenteil, das bisher einzige Symbol stammte aus Nazizeiten: Ein pinkes Dreieck wurde für die Kennzeichnung von Homosexuellen benutzt.[8] Inspiriert durch die sehr verbreitete Sichtbarkeit der amerikanischen US-Flagge mit ihren *stars* und *stripes* entschied sich Baker für eine Flagge. Für ihn stellte der Regenbogen eine durch Natürlichkeit und Schönheit charakterisierte Flagge am Himmel dar, und so fiel die Entscheidung, die Flagge angelehnt an die Spektralfarben des

Regenbogens zu gestalten. Die ersten zwei Regenbogenbanner hatten noch acht Farben und wurden während der Gay Freedom Parade am 25. Juni 1978 das erste Mal gezeigt. Später fielen aufgrund von pragmatischen Entscheidungen die kostenintensiveren Farben Hot Pink und Indigo weg und wurden durch ein einfaches Blau ersetzt. Die Regenbogenflagge mit ihren sechs Streifen ist nicht nur während des Pride-Monats Juni ein weit verbreitetes Symbol für ein Ja zu einer LBGTQIA+-inklusiven Gesellschaft geworden. Auch auf anderen Flaggen wie der internationalen Friedensflagge findet sich das Himmelsobjekt wieder.

Als anekdotische Ergänzung: So harmlos sie am Himmelszelt wirken, Begegnungen mit Regenbogen können auch gefährlich sein. Bei einer Dienstreise war dank eines kurzen Regenschauers am Abend des 16. April 2016 im Wiener Stadtpark ein besonders schönes Exemplar eines Doppelregenbogens am Himmel zu sehen. Beim beflissentlichen Fotografieren traf mich plötzlich und unvorhergesehen ein Fußball am Kopf, kombiniert mit dem nachfolgenden Aufprall auf Asphalt ergab das eine schöne Gehirnerschütterung. Aber besser als vom Blitz getroffen – und die Wahrscheinlichkeit, dass so etwas noch einmal passiert, ist wohl sehr gering. Den Topf voll Gold, der der Legende nach am Ende des Regenbogens zu finden ist, habe ich bisher nicht gefunden, dafür aber andere spannende Legenden rund ums Wetter.

VON DRACHEN UND ZAUBERERN

Viele Legenden ranken sich um das Wetter. In Japan erzählt man sich von Yuki-onna, der »Schneefrau« – extrem blass, bläulich oder sogar fast durchsichtig wird ihre Haut beschrieben, oft weiß gekleidet und mit langen, tiefschwarzen Haaren. Meist tritt sie nach traurigen Ereignissen auf, handelt bösartig und zerschmilzt am Ende der Geschichte.

In der rumänischen Folklore wird von einem Drachen mit einem langen Schwanz erzählt, der hoch in die Wolken schwingt. Berührt er den Boden, poltert und klatscht es mit lautem Getöse. Der Kopf des Drachens ähnelt einem Krokodil- oder Pferdekopf, und sein Atem ist so kalt, dass er Wasser in Wolken gefrieren lassen kann. Teilweise hebt der Drache sogar Menschen in die Luft und trägt sie durch die Wolken davon. Zauberer reiten diese Drachen, die manchmal auch als weiße geflügelte Pferde dargestellt werden. Zauberer, die das Wetter beherrschen – und welches meteorologische Ereignis symbolisiert dieser Drache?

Hier die meteorologische Definition: Dieser Drache ist eine »Luftsäule mit Bodenkontakt, die um eine mehr oder weniger senkrecht orientierte Achse rotiert und sich unter einer cumuliformen Wolke befindet«, also ein Tornado. Der erste in Rumänien offiziell dokumentierte Tornado fand am 4. Juni 1882 statt: Einige Dörfer im Westen des Landes waren betroffen, Häuser und Kirchen wurden zerstört. Auch über spätere Tornados konnten Informationen in zahlreichen lokalen Zeitungen gefunden werden. Aber ein Forscherteam ist sich sicher, dass es schon vorher Tornados gegeben haben muss – und zwar aufgrund der jahrhundertealten Geschichten um eishauchende Drachen, die viel älter sind als die ersten schriftlichen Zeugnisse. Gerade für Wind und Sturm werden in mythologischen Betrachtungen oft übernatürliche oder göttliche Erklärungen gesucht. Auch in Rumänien stört der Drache, oder *balaur*, die natürliche Ordnung mit verheerenden Auswirkungen für Mensch und Tier. Der Zauberer, oder *solomonar,* kann den Drachen zähmen und so die Ordnung wiederherstellen.

Geschichten und Sagen können der Forschung also wichtige Hinweise und Anzeichen für das Vorkommen von Wetterereignissen liefern. Dies trifft besonders auf Wetterextreme zu, über die sicher auch mehr berichtet wird als über das übliche Alltagswetter. Andererseits sind diese Informationen meist nur qualitativer Natur und können deshalb nicht in systematische Dokumentationen von beispielsweise Tornadoklimatologien eingebaut werden, auch wenn der Wunsch nach möglichst langen historischen Zeitreihen groß ist.

Das zeigt auch die Forschung rund um die rumänischen Wetterdrachen: Denn die Geschichten, in denen von *balauri* erzählt wird, stammen größtenteils aus dem Westen und der Mitte des Landes. Aktuellere Wetterbeobachtungen zeigen für Rumänien allerdings eine räumliche Häufung von Tornados über Ost-Rumänien, mit einem Maximum über dem Südosten. Und gerade hier fanden sich keine schweifschlagenden, eishauchenden Drachen oder andere Wetterfabelwesen in der Folklore.[9]

Wann kann ein **TORNADO** auch ohne Drachen, die sich im Himmel streiten, entstehen? Hierfür sind ein sehr ausgeprägtes Gewittersystem mit starken Temperaturunterschieden nötig und Luft, die entweder aufsteigt oder angehoben wird. Dies führt je nach Kondensationsniveau zu frei werdender Kondensationswärme und einer ausgeprägten vertikalen Windscherung: Dabei nimmt die Windgeschwindigkeit mit der Höhe zu und ändert möglicherweise auch die Windrichtung. Dadurch kann ein rotierender Aufwindschlauch entstehen, dessen Größe einen Durchmesser von über einem Kilometer erreichen kann. Tornados können eine Geschwindigkeit von mehreren Hundert Kilometern pro Stunde erreichen, und ihre Stärke wird gemäß der Fujita-Skala klassifiziert.

So spannend Geschichten von Tornadodrachen sind, interessant ist auch das, was gerade nicht erzählt wird. Von 1945 bis 1989 war Rumänien Teil der sozialistischen Länder des Warschauer Pakts. Bis zum Fall des Eisernen Vorhangs und der Rumänischen Revolution 1989 wurden in den digitalen Archiven der Zeitungen und auch in den offiziellen Unterlagen der nationalen Behörde für Meteorologie, der Administrația Națională de Meteorologie (ANM), nur sieben Tornados gezählt. Das ist mit Blick auf den langjährigen Datensatz sehr unrealistisch, im Zeitraum 1990–2013 wurden 89 Tornados gesichtet. Selbst wenn man besser verfügbare technologische Mittel und Kommunikationsmöglichkeiten ausschließt, liegen sieben berichtete Ereignisse deutlich unterhalb des für das Land erwartbaren Wertes: Während zwischen 1879 und 1913 noch 0,44 Tornados pro 10^5 km^2 pro Jahr beobachtet wurden, sank diese Zahl zwischen 1945 und 1989 auf 0,06 10^5 km^2 pro Jahr. Dass diese Zahl zu gering ist und vermutlich nicht den tatsächlichen Gegebenheiten entspricht, deuten auch weitere Untersuchungen an: So konnte man aus Wolken-zu-Boden-Blitzdaten sehen, dass zumindest die Anzahl der Sturmtage sich über den Zeitraum 1960–2000 nicht signifikant stark verändert hat – warum hätte es dann zu weniger Tornados kommen sollen? Aber woran liegen die (zu) niedrigen Zahlen dann?

Die Erklärung hat mich doch überrascht: Die Nutzung des Wortes »Tornado« wurde auf Anweisung eines ranghohen Meteorologen verboten. Obwohl in der Vergangenheit eine Vielzahl von Tornados beobachtet wurde, gingen entscheidende Einzelpersonen davon aus, dass Rumänien zwischen etwa 44 °N und 48 °N einfach zu weit im Norden liege. Der hier bestehende Corioliseffekt würde, ihrer Auffassung nach, die Entstehung von Tornados verhindern, und sowieso tauchen Tornados nur in den Tropen auf. Frei nach dem Motto »Was nicht sein darf, kann nicht sein« wurden Tornados also einfach nicht mehr erfasst, und wenn überhaupt nur als »starke Winde«.

Die **CORIOLISKRAFT** ist eine Scheinkraft, was bedeutet, dass die Kraft lediglich aus der Trägheit eines bewegten Körpers resultiert, der seine Bewegungsrichtung und -geschwindigkeit behalten will. Auch die Zentrifugalkraft ist so eine Scheinkraft. Ursache ist in diesem Fall die nach Osten rotierende Erde, die für eine Umdrehung 24 Stunden benötigt. Nehmen wir einmal den Längengrad 8 °Ost: Einen Punkt wählen wir im Norden Deutschlands, zum Beispiel Bremerhaven, einen anderen Punkt am Äquator. Während der Punkt am Äquator 40 080 km für eine Umdrehung zurücklegen muss, ist die Strecke für den Punkt Bremerhaven viel kürzer – Punkt A hat also im Vergleich zu Punkt B eine höhere Bahngeschwindigkeit. Bewegt sich jetzt ein Teilchen vom Äquator Richtung Bremerhaven, also von Süden nach Norden, behält es seine Bahngeschwindigkeit bei – und ist jetzt schneller, als es dem Breitengrad eigentlich entsprechen würde: Es »überholt« und wird deshalb nach rechts (oder Osten) abgelenkt. Umgekehrt: Reist ein Teilchen von Norden nach Süden, ist es langsamer – und wird nach Westen abgelenkt. Die Corioliskraft hängt vom Breitengrad ab: Am Äquator ist sie 0, an den Polen ist sie am stärksten. Durch die Corioliskraft drehen sich Hurrikane und Tiefdruckgebiete auf der Nordhalbkugel im Uhrzeigersinn. Auch großräumige Strömungsverhältnisse wie die Westwindzone und Passatwinde werden unter anderem aufgrund der Corioliskraft mit ihren vorherrschenden Windrichtungen gebildet. Auf der Südhalbkugel gilt die entgegengesetzte Richtung: Teilchen werden nach links abgelenkt, Hoch- und Tiefdruckgebiete drehen sich genau andersherum. Und wie sieht es mit dem Badewannenabfluss aus? In einer idealen Welt mit einem idealen Waschbecken macht es tatsächlich einen Unterschied, ob man sich auf der Nord- oder Südhalbkugel befindet. In der Realität ist das System »Wasser im Abfluss« aber viel zu klein und anfällig für Störeffekte, als dass man den Einfluss der Corioliskraft erkennen könnte: Da genügt bereits eine minimale Unebenheit am Boden, um zu entscheiden, ob es sich rechts oder links herum dreht. Und: Auch Tornados sind viel zu kleinskalig, als dass deren Entstehung durch die Corioliskraft beeinflusst werden könnte.

Diese Auffassung überdauerte die Rumänische Revolution 1989 noch eine ganze Weile. Im August 2002 forderte ein Tornado der Klasse F3 mindestens drei Todesopfer und zerstörte mit über 250 km/h 33 Häuser in einem Dorf im Südosten Rumäniens. Das Sturmsystem, aus dem dieser Tornado entstand, konnte mit einem gerade neu installierten Radarnetzwerk beobachtet werden, und so begann man, sich auch von offizieller Seite aus wieder mit Tornados zu beschäftigen. Seit 2005 gelten einheitliche Regeln für die Dokumentation von Tornados, und es wird eine systematische Analyse der eingehenden Augenzeugenberichte durchgeführt. Dies alles kommt auch dem Frühwarnsystem zugute, das ebenfalls 2005 erfolgreich an den Start ging. So gibt es also weiter *balauri* in Rumänien, aber die *solomonari* haben den technologischen Fortschritt auf ihrer Seite – zumindest wenn es um die Warnung geht.

Übrigens: Einer der schlimmsten Tornados weltweit war der Great Tri-State Tornado, ein Sturmsystem, das am 18. März 1925 mit bis zu 1,6 km Breite über einen Zeitraum von 3,5 Stunden eine etwa 350 km lange Schneise der Zerstörung in Missouri, Illinois und Indiana hinterlassen hat – mit schlussendlich 695 Toten und 2027 verletzten Menschen. Dieser Tornado wäre auf der heutigen Fujita-Skala eine F5, die höchste Stufe. Damals allerdings gab es noch keine geeignete Möglichkeit zur Datenerfassung und besonders zur Warnung. Im Gegenteil, das US Weather Bureau verbot sogar, das Wort »Tornado« in Wetterberichten und -vorhersagen zu benutzen – denn Teile dieser Vorhersage würden die Bevölkerung verunsichern.[10]

VERHEXTES WETTER

Je mehr man das Wetter verstanden hat, je mehr man versuchte, das Wetter vorherzusagen – zum Beispiel Stürme aufgrund von plötzlich rasch abfallendem Luftdruck am Barometer –, desto widersprüchlicher wurde der Gedanke, dass eine göttliche Kraft selbst entscheidet, wann und wo es jetzt gewittern und hageln soll. Auch parallel verlaufende Entwicklungen, wie die Veröffentlichung von Charles Darwins *Entstehung der Arten*, brachten althergebrachte Überzeugungen durcheinander, und nicht wenige gerieten in ernste Konflikte mit ihrem Glauben. Pioniere der Meteorologie wie Robert FitzRoy hielten einerseits an der Gültigkeit des geschriebenen Wortes in der Bibel fest und glaubten damit, dass das Wetter vorherbestimmtes Gotteswerk sei. Gleichzeitig setzten sie sich aber unermüdlich dafür ein, Vorhersagen für das Wetter tätigen und veröffentlichen zu dürfen.[11]

Auf der Suche nach Erklärungen für Unerklärliches ging es in der Geschichte der Menschheit gelegentlich auch einfach bloß darum, Sündenböcke zu finden. Während man heute bei dem Wort »Wetterhexe« eher an die kleine Hexe denkt, die in Otfried Preußlers Roman die Löffel regnen lässt, gab es zur Zeit der Hexenverfolgung wetterbedingt leider oft Anlass zur Jagd.

Hexen tauchten schon in frühen antiken Mythen auf: Männer und Frauen, die ihre Zauberkräfte für Gutes, aber auch Schlechtes einsetzen konnten. Zunächst wurde seitens der christlichen Kirche nur die vermeintlich schädliche Zauberei verboten – egal ob wirksam oder nicht, schon der Versuch war strafbar. Später stand die Todesstrafe auf jede Form von Zauberei, und spätestens nach den Schriften von Thomas von Aquin im 13. Jahrhundert widmete man den vermeintlichen Praktiken der Hexen mehr Aufmerksamkeit. Und es standen vermehrt Frauen im Fokus. Man vermutete außerdem, dass Hexen nicht als Einzelpersonen, sondern in Sekten agierten. Als Verbündete von Satan erhielten sie von ihm ihre Kräfte und Anweisungen. Ideale Schuldige also für alle Widrigkeiten, die in dieser Zeit plötzlich und unvorhergesehen über die Menschen hereinbrachen – wie zum Beispiel das Wetter.

Bereits 1486 war *Malleus Maleficarum*, der Hexenhammer, erschienen. Verfasst vom Theologen und Inquisitor Heinrich Kramer bot er eine vermeintliche Hilfe bei der Erkennung von schwarzer Magie und insbesondere die Legitimierung ihrer Verfolgung im direkten Umfeld. Zwar war der Hexenhammer mehr eine Auflistung der bereits bestehenden Maßnahmen und Möglichkeiten, durch den zeitgleich aufkommenden Buchdruck konnte sich das Werk in den folgenden Jahrzehnten aber schneller vervielfältigen lassen als zuvor und erzielte so mit 30 000 gedruckten Exemplaren bis Ende des 17. Jahrhunderts eine für damalige Verhältnisse große Reichweite.

In Skandinavien ist einer der größten Hexenprozesse auf ein Wetterereignis zurückzuführen. Am 24. Dezember 1617 zog ein gewaltiger Sturm herauf, bei dem über 40 Seemänner ertranken. Dieses Ereignis weckte verständlicherweise ein starkes Bedürfnis nach Begreiflichkeit, nach einer Erklärung für den Tod so vieler Menschen. Nur fehlten meteorologische Grundlagen zur Bildung und Verstärkung von Tiefdruckgebieten – Zyklogenese verstand man erst nach Einführung des Frontenbegriffs zu Beginn des 20. Jahrhunderts.

Vier Jahre nach dem Tod der Seeleute schien aber klar: Die Hexen hatten ihre Finger im Spiel, hatten den Sturm bewusst heraufbeschworen und damit die Existenz des Dorfes gefährdet. Zwei weitere große Hexenprozesse in Vardø folgten in den Jahren 1651 bis 1653 und 1662 bis 1663 und endeten mit dem Tod von insgesamt 91 Frauen.[12]

Aufgrund zahlreicher erzwungener Geständnisse und zweifelhafter Zeugenaussagen wurden zwischen 1450 und 1750, so wird es vermutet, in Europa zwischen 40 000 und 60 000 Menschen getötet, überwiegend Frauen, so dass in Bezug auf Hexenverfolgung auch von Femiziden gesprochen wird.[13] Im gleichen Zeitraum fand eine klimatische Verschlechterung statt, die europaweit zu schlechten Ernten führte und durch eingefrorene Flüsse den Handel behinderte – die sogenannte Kleine Eiszeit. Vermehrte Hungersnöte und soziale Unruhen waren die Folge. Und tatsächlich spiegelt nach Ansicht einiger Wissenschaftlerinnen und Wissenschaftler das gesellschaftliche Klima in dieser Zeit das physikalische Klima wider.

Die **KLEINE EISZEIT** beschreibt einen ungefähren Zeitraum vom 14. bis zum 19. Jahrhundert, in dem es zu einer signifikanten Abkühlung des Klimas in Europa und anderen Teilen der Welt kam. Die genauen Ursachen für die Kleine Eiszeit sind nicht vollständig geklärt, aber es wird angenommen, dass eine Serie von Vulkanausbrüchen kombiniert mit einer Phase geringerer Sonnenfleckenaktivität zu einer verringerten Sonneneinstrahlung geführt haben könnte. So konnte sich vermehrt Meereis bilden und ausdehnen. Das wiederum führte aufgrund weiterer Rückkopplungsmechanismen zwischen Meer, Eis und Atmosphäre zu ausgedehnten Gletschern, gefrorenen Flüssen und Seen und kalten Wintern mit starken Schneefällen. Zum kältesten Zeitpunkt der Kleinen Eiszeit um 1550 hatte sich die Vegetationsperiode, also die Zeit, in der die Ernte gedeihen kann, um etwa 14 Tage verringert.[14]

Von heiter bis wolkig

In der Entwicklung der Menschheit hatte das Wetter also einen maßgeblichen Einfluss: Wir wohnen in Häusern und tragen Kleidung – weil es Wetter gibt, vor dem sich unsere Vorfahren zwingend schützen mussten, um zu überleben. Erste Kleidung bestand aus Tierfellen, als Unterschlupf eigneten sich zunächst Höhlen und später temporäre und damit mobile Unterkünfte aus natürlichen Materialien wie Zweigen, Gras oder Tierhäuten. Je ausgeklügelter unsere Unterschlupfe und auch unsere Kleidung wurde, desto besser konnten wir in unbekannte Regionen vordringen und neue Lebensräume erschließen. Auch in vielen anderen kulturellen Bereichen unserer Gesellschaft zeigt sich: Wetter ist überall. Und schaut man aus dem All auf die Erde, fällt einem eine Wettererscheinung zuallererst auf (zumindest tagsüber). Im Durchschnitt sind jederzeit 66 Prozent der Erde mit Wolken bedeckt – dabei finden sich über Land weniger Wolken als über dem Ozean.

Von heiter bis wolkig: Gibt es eigentlich klare Regeln, ab wann wir von »heiter«, ab wann von »wolkig« sprechen? Selbstverständlich gibt es die – sogar international abgestimmt. Hierfür wird der Bedeckungsgrad herangezogen, nämlich der Anteil am Himmel, der zum Beobachtungszeitpunkt durch Wolken bedeckt ist. Meist wird der Bedeckungsgrad durch offizielle Beobachterinnen und Beobachter gemeldet, es gibt aber auch Wolkenkameras, die dafür verwendet werden können. Regional können für die Beobachtung auch Satelliten herangezogen werden. Angegeben wird der Bedeckungsgrad in Achteln von 0/8 bis 8/8 (»Oktas«). Sind keine Wolken am Himmel, ist der Bedeckungsgrad einfach zu ermitteln: 0/8, es ist sonnig und wolkenlos oder nachts auch: klar. Auch wenn gar kein Blau am Himmel zu sehen ist, ist die Beobachtung des Bedeckungsgrades nicht schwer: 8/8. Komplizierter wird es dazwischen: Es zählen alle Wolken am Himmel, aber diese sind ja nicht so schön arrangiert wie in den Symbolen in der Tabelle unten zu sehen – deshalb gilt es bestmöglich zu schätzen, wie viele Wolken sich über einem befinden. Auch wenn das mit wachsender Erfahrung gut gelingt, ist es bei aufgelockerter Bewölkung schwierig: Dann wird der Bedeckungsgrad häufig zu hoch eingeschätzt. Bei Cirren (dünnen Eiswolken) wird hingegen der Bedeckungsgrad eher unterschätzt. Die Sprachregelung für den entsprechenden Bedeckungsgrad findet sich ebenfalls in der Tabelle. Von heiter bis wolkig – würde man die ganze Bandbreite an möglichen Bedeckungsgraden im Buchtitel abdecken wollen, hätte dieses Buch also eigentlich besser *von sonnig bis trüb* heißen müssen. Zu spät.

Und wofür ist es wichtig, den Bedeckungsgrad zu kennen? Mir begegnete er zuerst im Studium. Unsere Abteilung bietet einen selbstorganisierten Wettertipp an, wo während des Semesters Punkte für die korrekte Vorhersage des Wetters an zwei Tagen gesammelt werden können. Es ging um einen Pokal, aber noch viel mehr um Ruhm und Ehre – und da macht es schon einen Unterschied, ob die Beobachtenden sich für 6 oder 7/8 Bewölkung entscheiden.

Auch wenn die Beobachtung des Bedeckungsgrades vielleicht etwas unpräzise und subjektiv erscheint, ist er eine wichtige Größe in der Meteorologie.

Beim Deutschen Wetterdienst sind die einzelnen Abstufungen des **BEDECKUNGSGRADES** und die entsprechenden Bezeichnungen für Wetterberichte einheitlich festgelegt. Wichtig für die Beobachtung des Bedeckungsgrades ist ein geeigneter Standort, von dem aus möglichst der gesamte Himmel überblickt werden kann. Durch die Verwendung von geeigneten Messsystemen, ist die Bestimmung des Wolkenbedeckungsgrades auch nachts möglich.

Bezeichnung	Erläuterung	
wolkenlos, sonnig, klar (nur nachts)	Gesamtbedeckungsgrad 0/8	
leicht bewölkt, heiter (nur tagsüber)	Bedeckungsgrad tiefer und mittelhoher Wolken 1 bis 3/8*	
wolkig	Bedeckungsgrad tiefer und mittelhoher Wolken 4 bis 6/8*	
stark bewölkt	Bedeckungsgrad tiefer und mittelhoher Wolken 7/8*	
bedeckt oder trüb	Bedeckungsgrad tiefer und mittelhoher Wolken 8/8; trüb, wenn die tiefe Bewölkung einen Bedeckungsgrad von 8/8 hat	
in Wolken	Das gilt nur für Bergstationen (Station in Wolken).	
wechselnd bewölkt	Bei wiederholt deutlichen Änderungen des Bedeckungsgrades innerhalb des Bezugszeitraumes, z. B. bei typischem Rückseitenwetter (nach Durchzug von Kaltfronten) oder bei raschem Durchzug kleinräumiger Wolkenfelder	

*hohe Wolken bis 8/8 möglich

Wolken beeinflussen nämlich zum einen die Strahlungsbilanz der Erdoberfläche: Ist der Bedeckungsgrad hoch, kann weniger Sonnenstrahlung die Erdoberfläche erreichen. Damit sind die Temperaturen oft auch niedriger als bei einem geringeren Bedeckungsgrad. Zum anderen sind Wolken als Teil des Wasserkreislaufs auch sehr wichtig für die Vorhersage von Niederschlägen: Eine dichte Wolkendecke kann darauf hinweisen, dass sich in der Atmosphäre ausreichend Feuchtigkeit befindet, die zum Beispiel in Form von Regen oder Schnee niederschlagen kann. In Verbindung mit anderen meteorologischen Daten wie Luftdruck und Luftfeuchtigkeit kann der Bedeckungsgrad auch für die Vorhersage von Sturm- oder Unwetterereignissen genutzt werden. Auch Hagelereignisse können durch einen hohen Bedeckungsgrad und eine instabile Atmosphäre (hohe Luftfeuchtigkeit und Temperaturgradienten) angekündigt werden.

Zwei Zeitraffervideos zeigen in je ungefähr 4 Minuten imposante und vor allem atemberaubend schöne Wolkenformationen – wenn man sich einmal genau anschaut, auf wie vielen verschiedenen Skalen hier vertikale und horizontale Austauschprozesse stattfinden, dann wird klar, wie wahnsinnig schwierig es ist, einzelne Wolken oder auch Wolkenformationen wirklich zu verstehen und zu modellieren, geschweige denn vorherzusagen.*

Tatsächlich ist man sich nicht mal einig darüber, wie eine Wolke überhaupt zu definieren ist: Folgt man der American Meteorological Society (AMS), dann ist eine Wolke ein sichtbares Objekt, für die WMO muss die Wolke dagegen wahrnehmbar sein. Darüber hinaus setzt sich eine WMO-Wolke nur aus Wasser, Eis oder einer Mischung der beiden zusammen, während eine AMS-Wolke alle winzigen Partikel unabhängig von ihrer Natur und Zusammensetzung berücksichtigt. Es gibt aber für Menschen unsichtbare Wolken, die durch-

* Sie sind hier zu bestaunen: https://vimeo.com/203291784, https://vimeo.com/extrematmosfera

aus durch boden- oder satellitengestützte Messungen wahrnehmbar sind.[1] Es ist also kompliziert.

CIRREN UND CHEMTRAILS

Im Mai 2023 zieht eine besondere Form von Wolken über dem Sächsischen Landtag auf: Der Landtagsabgeordnete Sebastian Wippel (AfD) stellt eine kleine Anfrage zu Chemtrails, in deren Vorbemerkung er schreibt: »eine wachsende Anzahl von Bürgern stellt (...) des Öfteren Flugbewegungen fest, die nach ihrer Auffassung mit einer zielgerichteten Einbringung von Chemikalien in die Atmosphäre begründet seien und damit die Zielsetzungen wie das Geo-Engineering oder die Bevölkerungsreduktion verfolgt würden«. Diese sogenannten Chemtrails ließen sich anhand ihrer Bewegungsmuster und Ausprägung von Kondensstreifen von Flugzeugen unterscheiden, so die mutmaßliche Verschwörungstheorie.[2] Er fordert im weiteren Verlauf der Anfrage die Staatsregierung unter anderem auf zu beantworten, ob ihr über das Einbringen von Substanzen etwaige Hinweise vorliegen. Auch zur Erfassung der Konzentrationen von Aluminium, Barium und Strontium im Rahmen des Luftqualitätsmessnetzes will er Auskunft haben und erfahren, ob diese Stoffe in erhöhter Konzentration im Blut von Patienten aufgefunden wurden beziehungsweise inwiefern diese natürlich in der Atmosphäre vorkommen.

Auch wenn es mich auf der einen Seite freut, dass ein wachsender Anteil der Bevölkerung die Bereitschaft zeigt, sich mit meteorologischen Phänomenen zu beschäftigen: Chemtrails existieren nicht. Dafür hat die Meteorologie aber andere künstliche Wolken zu bieten, diese werden seit 2017 im internationalen Wolkenatlas der WMO mit dem Zusatz »homogenitus« versehen. *Cirrus homogenitus* zum Beispiel sind Kondensstreifen, die durch Flugzeuge verursacht werden.

Die Abgase enthalten Wasserdampf, der als Nebenprodukt der Verbrennung entsteht. In der kalten und trockenen Luft in großer Höhe kühlt sich der Wasserdampf schnell ab und kondensiert zu winzigen Wassertropfen oder Eiskristallen. Werden aus den künstlichen Wolken mit der Zeit andere, natürlich vorkommende Wolken, wechselt die Bezeichnung zu »homomutatus«. Auch andere Wolkenformen können künstlich entstehen, zum Beispiel als *Cumulus homogenitus* aus Kühlturmschwaden und Abgasfahnen. Kondensstreifen zählen übrigens, sobald sie für mehr als 15 Minuten am Himmel sichtbar sind, zum Bedeckungsgrad dazu.[3] Und ob künstlich oder nicht, so zart und filigran die Cirren aussehen, hohe dünne Wolken spielen eine wichtige, noch nicht vollständig verstandene Rolle für den Energiehaushalt der Atmosphäre. Einerseits reflektieren sie einfallende Sonnenstrahlung und haben so einen kühlenden Effekt, andererseits absorbieren sie die von der Erdoberfläche abgegebene langwellige Infrarotstrahlung und strahlen sie in alle Richtungen ab. Dadurch wird ein Teil der Wärmeenergie in der Atmosphäre gehalten und trägt so zu deren Erwärmung bei.

WOLKENKATALOG – VON KUNST ZU WISSEN

Die ständig wechselnden Formen, ihre Schönheit und das gelegentlich sehr majestätische Erscheinungsbild von Wolken haben dafür gesorgt, dass sie auch in der Kunst eine bedeutende Rolle spielen. Besonders in der Landschaftsmalerei wurde viel Zeit und Mühe auf die möglichst naturgetreue Darstellung von weißen Schäfchenwolken und dunklen Gewittertürmen gelegt. Letztlich verdanken wir auch eine der ersten Wolkenklassifikationen einem Künstler, nämlich Luke Howard. Inspiriert durch die Klassifikation von Pflanzen und

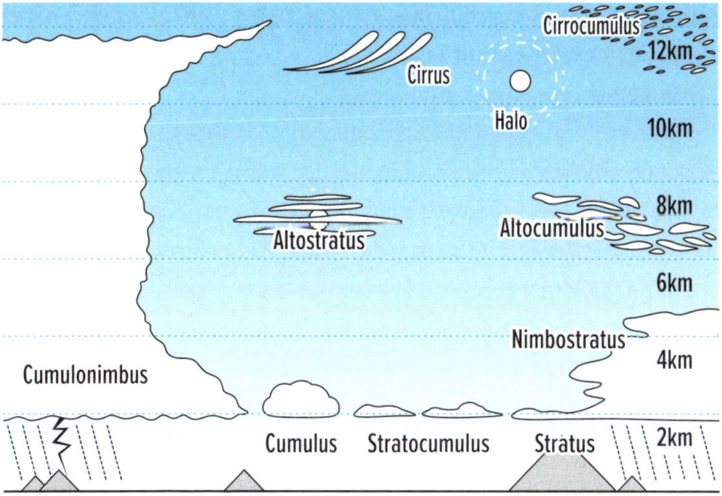

Tieren machte er sich 1802 an die Arbeit, auch die Strukturen am Himmel in möglichst klar voneinander abgetrennte Kategorien einzusortieren, und orientierte sich hierbei an verschiedenen Formen und besonders daran, in welcher Höhe sie auftauchten. Auch lateinische Namen hat er für die einzelnen Wolkenformen gefunden: *Nimbostratus, Cumulonimbus, Cirrus und Altostratus* nennen wir sie noch heute. Dies hat wiederum andere Künstlerinnen und Künstler dazu inspiriert, die eindrucksvollen Wolkengebilde auch in ihre Kunst einfließen zu lassen – und so erhielten Wolken ihren festen Platz in der Malerei.[4]

Im Impressionismus rückten die Wolken zwar wieder mehr in den Hintergrund, aber sie lieferten trotzdem informative Details über die historischen Entwicklungen der Zeit. Bei Claude Monets *Herbststimmung in Argenteuil* von 1873 zeigt sich eine rosarote Wolke fast in der Mitte des Bildes. Dabei ist die so zart anmutende Wolke keine von Luke Howard klassifizierte, sondern lediglich Schornsteinrauch aus einem der neu gebauten Fabrikgebäude in der Stadt entlang der

Seine – und somit ein Bild, was so heutzutage wahrscheinlich nicht mehr gemalt werden würde.

Mit Beginn des 20. Jahrhunderts verschwand das präzise Wolkenstudium aus naturwissenschaftlichem Interesse und realitätsgetreuer Detailverliebtheit immer mehr aus der Malerei. Vielleicht hatte der Abschied von der naturgetreuen Darstellung auch mit dem Fortschreiten der Fotografie zu tun, die eine andere Form der Dokumentation möglich machte?

CLOUD PHOTO RECORD Immer wieder tauchen Bilder von spektakulären Wolken in den Medien auf, die auch über Social Media verbreitet werden. Es sind oft *lenticularis*, die im Sonnenuntergang eine rötliche Färbung bekommen. Aber eine Wolke ist unbestritten die am häufigsten fotografierte aller Zeiten: 23 Atomwaffentests haben die USA zwischen 1946 und 1958 durchgeführt – beim zweiten Test am 25. Juli 1946 waren über 700 Kameras an Land und auf dem Wasser installiert, zusätzlich noch weitere 328 Fotoapparate an Bord von 64 Flugzeugen, um die Detonation und die anschließenden Folgen zu dokumentieren. Der bei der »Operation Crossroads« entstandene Atompilz von bis zu 3 km Breite ist damit nicht nur unter den am meistfotografiertesten Wolken, sondern auch mit einer der meistfotografierten historischen Momente.[5]

… UND VON WISSEN ZU KUNST

Es ist sicher keine Überraschung, dass sich nicht nur Wolken in der Kunst wiederfinden – Wetter transportiert grundsätzlich wunderbar die Sprache der Kunst: Denn jeder weiß, wie sich Sonnenstrahlen auf der Haut anfühlen oder wie verängstigt man während eines Gewitters sein kann. *Winter in Holland, Skating Scene* von Aert van der Neer aus dem Jahr 1645 zeigt eine winterliche Landschaft mit schlittschuhlaufenden Personen. Auf den ersten Blick sieht man sofort: Es war sicher kein sonnig-warmer Wintertag. Auf den zweiten Blick entdeckt man verschiedene Elemente, dank derer man die klirrende Kälte förmlich spüren kann: Die bereits untergehende Sonne deutet darauf hin, dass es fast Abend ist und somit vermutlich bald noch kälter wird. Da Schnee auf den Bäumen liegt, ist es offenbar schon eine Weile windstill. Das deutet in Kombination mit der kalten Luft laut einigen Interpretationen auf eine Wetterlage hin, die in den kommenden Tagen noch mehr Kälte bringt. Und das wiederum lässt eine bedrohliche oder zumindest keine positive Stimmung aufkommen.[6] Dieses Gemälde ist eines der ersten Bilder, die sich mit dem Winter auseinandersetzen – und stammt zudem aus der Phase der Kleinen Eiszeit, so dass sich hier noch mehr Interpretationsspielraum für eventuell versteckte Botschaften des Künstlers ergibt.

Einen flüchtigen Zustand wie das Wetter realistisch einzufangen braucht Technik und Wissen. Gleichzeitig soll es laut einem der ersten Ratgeber für Landschaftsmalerei bei Stürmen gar nicht um die korrekte Darstellung von atmosphärischen Elementen gehen, sondern mehr um die Darstellung der Emotionen, die dieser Sturm bei im Bild befindlichen Personen auslöst. Teilweise werden meteorologische Elemente auch bewusst falsch wiedergegeben, um so vielleicht einen Widerspruch zu vermitteln: Im Gemälde *Shipwreck* von Claude Joseph Vernet aus dem Jahre 1772 ist ein Schiffbruch zu sehen, aber mit einem vollkommen unnatürlich anmutenden Blitz im Hintergrund – wieso diese Form gewählt wurde, ist nicht überliefert, aber das ist vielleicht auch das Schöne an der Kunst: Letztlich ist sie im Gegensatz zum Wetter Interpretationssache.

Wetter als Kunst zu verstehen gelingt leicht, wenn man sich imposante Gemälde, Fotografien oder auch Zeitraffervideos von Stürmen anschaut.

Aber Wetter wird sogar als direkter Akteur in der Kunst eingesetzt. Wer in Dresden einen Städtetrip macht, hofft bei der Wettervorhersage vielleicht auf Regen statt auf Sonne. Denn in den Kunsthöfen in der Kunsthofpassage Neustadt gibt es eine Sehenswürdigkeit, oder besser: ein wetterverbundenes Hörerlebnis der besonderen Art. Im *Hof der Elemente* sind goldene, augenscheinlich im Wind wehende Alu-Bleche auf einer sonnengelben Wand befestigt. An einem benachbarten blauen Haus befinden sich hingegen verschiedene Regenrinnen, Rohre, aber auch Trichter, Plattformen und Trompeten. Beginnt es zu regnen, fließt das Wasser durch das sehr kreativ konstruierte Wasserleitsystem ab und erzeugt stets anders klingende Töne. Eine richtige pluviale Komposition, die durch die gemeinsame Arbeit der dort wohnenden Bildhauerin Annette Paul sowie den Designern Christoph Roßner und André Tempel verwirklicht wurde. Und wenn man schon den Regen nicht kontrollieren kann, so doch wenigstens die Regenrinnen: Um zu vermeiden, dass es wegen strahlenden Sonnenscheins zu langen Gesichtern kommt, werden die Regenrinnen regelmäßig aus einem Wasserbecken befüllt. Aber wer zur richtigen Zeit vor Ort ist, erlebt aus erster Hand, wie das Wetter Musik macht.

RELAXING RAIN

Man muss natürlich nicht unbedingt nach Dresden fahren, um dem Regen beim Musizieren zuzuhören – für »relaxing rain sounds« gibt es bei Google 137 Millionen Treffer. Regen zum Einschlafen, Regen zum Meditieren, Regen zum Entspannen, Regen zum Arbeiten – unzählige Videos finden sich im Netz. Fairerweise liefern auch »relaxing thunder storm sounds« und »relaxing hail sounds« je knapp 10 Millionen Ergebnisse, aber Regen scheint zumindest basierend auf der Quantität der Videos besonders erfolgreich zu sein, wenn er entspannend und einschläfernd wirken soll.

Und klar, was könnte es Gemütlicheres geben, als sonntags zum beruhigenden Geräusch von Regentropfen aufzuwachen, die ausdauernd und gleichmäßig aufs Dach prasseln? Die Welt versunken hinter einem Vorhang aus Wasser, angenehmes Dahinplätschern, und man muss den Schweinehund erst gar nicht aufwecken, um ihn zu fragen, ob man nicht vielleicht doch joggen gehen sollte. Einfach liegen bleiben und zuhören. Nur: So romantisch ist es ja selten. Meist wird man dank Regen auf dem Weg zu Schule oder Arbeit klitschnass, versinkt im Zelt im Matsch, die Party fällt ins Wasser, man wird trotz Schirm sowohl von oben als auch von der Seite durchnässt – es gäbe genug Negatives, was man mit Regen assoziieren könnte.

Woher kommt also unser Faible für diese pluviale Form von Entspannung? Man könnte sich das so erklären: Regen ist ein meist kontinuierliches und insbesondere natürliches Geräusch, wir erwarten also keine bösen Überraschungen und können stattdessen erahnen, was uns als Nächstes erwartet: mehr Regen. Und wenn die Regentropfen ihre entspannende Wirkung entfalten, bedeutet das meist auch, dass der Niederschlag laut genug ist, um Umgebungsgeräusche gleich mit zu dämpfen. Auch das kann natürlich zur Entspannung und zu einem besseren Schlaf beitragen. Aber es gibt noch einen weiteren Grund, und dazu muss man einen Blick in unser Gehirn werfen.

Geräusche, beziehungsweise deren akustisches Signal, lassen sich ähnlich wie Licht mithilfe eines Spektrums klassifizieren, und zwar abhängig von der spektralen Verteilung der Energie im jeweiligen Frequenzbereich. In Anlehnung an die Spektralfarben werden auch hier verschiedene Farben verwendet, es gibt zum Beispiel weißes, rosa oder auch rotes Rauschen. Weißes Rauschen, oder »white noise for baby sleep«, war in unserem Haushalt in den ersten Monaten mit Baby auf allen Playlists ganz oben gespeichert (wirklich, Einschlafen auf Knopfdruck – zumindest in 80 Prozent der Fälle). Hier sind alle hörbaren Frequenzen enthalten, und die Energie verteilt sich gleichmäßig über die Frequenzbereiche. Bei rosa Rauschen (1/f) sind die tieferen Frequenzen besser zu hören, die höheren Frequenzen dafür schwächer. Bei rotem Rauschen ($1/f^2$) werden ebenfalls wiederum die tieferen Frequenzen stärker, während die höheren Frequenzen kaum noch hörbar sind.[7]

Wie man auf die unterschiedlichen Formen von Rauschen reagiert, ist von individuellen Eigenschaften und Vorlieben abhängig. In der Psychoakustik zeigen Studien aber, dass besonders rosa Rauschen gut geeignet ist, um einzuschlafen und besser durchzuschlafen – und das Geräusch von gleichmäßigem, leichtem bis mäßig starkem Regen ähnelt eben sogenanntem *pink noise*. Sehr starker Regen oder auch Gewitter entsprechen rotem Rauschen, und auch wenn hier noch nicht ganz so viele Studien vorliegen, scheint es Menschen zu geben, die beim Einschlafen von dieser Geräuschkulisse profitieren.[8] Obwohl es schwer ist, ein einzelnes Regenereignis eindeutig einer bestimmten Form von Rauschen zuzuordnen, liegt es vielleicht auch daran, dass man bei einem Regenschauer besonders gerne die Snooze-Taste drückt.

LEISE RIESELT DER SCHNEE

Ob mit oder ohne still und starr ruhendem See: Es ist eine ganz besondere Art von Ruhe, die eine frisch geschlossene Schneedecke hervorruft, womöglich noch in klarer und kalter Nacht – für mich der Inbegriff von Tranquilität. Wie auch beim Regen am Sonntagmorgen: Vielleicht weckt das Bild eine Ruhe in uns, weil wir bei diesem Wetter oft und gerne zu Hause im gemütlichen Warmen bleiben und auch die übliche Alltagshektik beim ersten Anblick von weißen Flocken jäh unterbrochen wird (im Rheinland ist die erste Schneeflocke ein Garant für Verkehrschaos).

Schnee ist ein fester Niederschlag, der entsteht, wenn drei Voraussetzungen erfüllt sind: Die Luft muss genug Feuchtigkeit enthalten, die Temperatur unter 0 °C liegen, und es müssen Kristallisationskeime vorhanden sein. An Letzteren lagern sich Wassertröpfchen an und gefrieren, bis der Eiskristall aufgrund der größer werdenden Masse irgendwann zu Boden fällt. Dabei ballen sich einzelne Kristalle zu größeren Schneeflocken zusammen, die dann wiederum leise zu Boden rieseln.

© creacart / iStock

Durch seine poröse Struktur kann Schnee Schallwellen absorbieren, genau wie es auch zur Dämmung eingesetzte Materialien wie Schaumstoff können. Im hörbaren Bereich absorbieren schon 10 cm Schnee 0,6 des einfallenden Signals (also immerhin 60 Prozent). Liegt also eine geschlossene Schneedecke, dämpft sie einen großen Teil der Umgebungsgeräusche wie Straßenverkehr und die Unterhaltung aus der Nachbarschaft. Auch während des Schneefalls hört man den Aufprall der Schneeflocken kaum – sie haben eine viel geringere Geschwindigkeit als Regentropfen.[9]

Je nach Aufteilung lassen sich 17 verschiedene Arten von **SCHNEE** identifizieren. Der Deutsche Wetterdienst teilt die Schneearten nach Dichtebereichen ein, die Schneedichte entspricht dabei dem Wassergehalt einer ungestörten Schneeschicht pro Volumeneinheit. Zur Messung wird ein Teil der Schneedecke ausgestochen, gewogen und das Volumen vermessen.

Schneedichte (kg/m³)	**Schneeart**
50–150 Neuschnee	Frisch gefallener Schnee, nicht älter als 3 Tage. Hoher Luftanteil von bis zu 90 Prozent.
100–200 Pulverschnee	Trockener, lockerer und nicht klebender Schnee – auch nicht unter Druck.
150–450 körniger Schnee	Wenn Schnee mehrfach auftaut und wieder anfriert, beispielsweise in Gebieten, in denen zwar die Sonne scheint, die Lufttemperatur aber niedrig ist, entsteht körniger Schnee mit dicken und abgerundeten Kristallen.
350–600 gelagerter Schnee	Schnee von gestern, wenn nicht sogar aus der Vorsaison – mittlerweile probiert man, über Snow Farming gegen Ende der Wintersaison Schnee bewusst für die kommende Saison einzulagern.
500–850 Firnschnee	Wenn Schnee über einen längeren Zeitraum von mindestens einem Jahr kontinuierlich auftaut und wieder friert, wird er Firnschnee genannt. Durch das wechselweise Tauen und Frieren wird der Schnee körnig, und die anfangs bis zu 60 Prozent Luft aus den Zwischenräumen verschwinden mehr und mehr. Mit der Zeit entsteht Firneis mit einem Luftgehalt von etwa 30 Prozent.
700–900 Gletscherschnee/Gletschereis	Durch fortwährendes Schmelzen und Gefrieren in Kombination mit dem hohen Druck durch die eigene Masse entsteht über Jahre, wenn nicht gar Jahrzehnte porenfreies Eis. Gletschereis entspricht der höchstmöglichen Dichte von 917 kg/m³.

Allerdings ist Schnee nicht gleich Schnee: Denn nicht jede der 17 Schneearten taugt zum akustischen Dämpfer. Sobald er nass und schwer wird und sich die Struktur, Dichte und der Wasseranteil des Schnees zu sehr verändert haben, verschwinden die Zwischenräume und damit auch die dämpfende Eigenschaft der schönen weißen Decke.[10]

Schon mal gehört, dass es bei den Eskimos Hunderte Wörter für Schnee geben soll? Warum auch nicht? Wenn wir schon in der deutschen Sprache so viele verschiedene Arten von Schnee kennen, dann ist es ja kein Wunder, dass zum Beispiel die Inuit vielleicht 7, 9, 48, 50 oder sogar 200 Wörter – je nach Quelle – für Schnee haben, immerhin ist ihr Alltag noch viel stärker mit der weißen Pracht verwoben als unserer! Doch die Anthropologin Laura Martin hat schon 1986 festgestellt, dass sich hierfür keine Anhaltspunkte oder Primärquellen finden. Wenige Jahre später hat auch der Linguist Geoffry Pullum diesen Irrtum in einem bissigen und sehr lesenswerten Essay aufgegriffen – und trotzdem hält sich das Bild der 400 Wörter für Schnee hartnäckig.[11, 12]

Echter Schnee von gestern: Denn was genau heißt »Eskimo«, was heißt »Wort«? Und wie soll man das überhaupt zählen? »Kopfsteinpflaster«, »Autobahn«, »Landstraße«, »Feldweg«, »Gasse« sind alles Wörter, die je nach Kontext eindeutig für »Straße« stehen könnten: Aber wo wird die Grenze gezogen?

Diese Grenze zu ziehen ist offenbar gar nicht so leicht. Warum also sollte es in anderen Sprachen und mit dem Wort »Schnee« anders sein?

Und so muss an dieser Stelle Platz dafür sein, darauf hinzuweisen, dass bei den Eskimos in Alaska oder den Inuit in Grönland und Kanada (die im Übrigen nicht *eine* gemeinsame Sprache haben) Schnee genauso alltäglich behandelt wird wie hier in Deutschland die gute alte Straße.

Tatsächlich scheint die Beharrlichkeit solcher Mythen auf teilweise deutlich rassistisch geprägten Bildern aufgebaut zu sein. Hinter dieser vermeintlichen Bewunderung für die »Sprachvielfalt« und die »Schnee-Poesie« der Inuit steckt nämlich ein gar nicht so angenehmer Gedanke: die Romantisierung von indigenen Völkern. Es mag vielleicht sogar gut gemeint sein, aber das macht es nicht weniger problematisch. Die Vorstellung vom »edlen Wilden« mit einer vermeintlich so viel eleganteren Ausdrucksweise für Schnee ist ein Bild, das sich auch in vielen anderen von Kolonialisierung geprägten Themengebieten findet. Die gute Nachricht: Da die 7, 9, 48, 50 oder auch 200 Wörter inhaltlich gar nicht stimmen, kann man es bezüglich dieses Mythos ganz einfach mit der Eiskönigin halten: *Let it go!*

Wetter, Wörter, Melodien

Astronomie, Linguistik und Logik waren drei Fächer, zwischen denen ich mich während eines Sommers an einer amerikanischen Universität entscheiden musste. Die Wahl fiel mir schwer, und letztlich fiel sie auf Astronomie und Logik. Spannend finde ich die Herkunft von Wörtern aber auch, ohne jemals eine Linguistik-Vorlesung besucht zu haben, und deshalb frage ich mich: Seit wann heißt das Wetter eigentlich *Wetter*?

WELCHE BEDEUTUNG HAT DAS WORT »WETTER« GEHABT (MEHRFACHNENNUNG MÖGLICH)*:

[1] eine Person, die wettet
[2] gabelförmiges Verbindungsholz am Wagen oder Pflug
[3] Blitz, Grubenluft
[4] Witterung, Unwetter
[5] Zustand der Atmosphäre

Ab dem 8. Jahrhundert findet sich im Germanischen die Grundform **weđra-*, die wiederum auf die im Indogermanischen verbreitete Wortfamilie der Wurzel **uē̆-* zurückführt. Auf den ersten Blick für

* Laut Deutschem Wörterbuch von Jacob und Wilhelm Grimm.[1]

mich als Nichtsprachwissenschaftlerin nicht ganz aussagekräftig, inhaltlich aber sehr passend – denn zu dieser Wortfamilie gehören im Deutschen unter anderem *wehen, Wind und Wedel*. Daraus entwickelte sich dann die Nutzung des althochdeutschen *wetar* für *Luft(beschaffenheit), Wind* und *Witterung*, und später folgte im Mittelhochdeutschen *wet(t)er*. Auch danach hat sich die Sprache fortwährend gewandelt – in verschiedenen Mundarten wird das Wort zum Beispiel ganz unterschiedlich ausgesprochen und geschrieben. In anderen Regionen entwickelte sich das Wort dafür inhaltlich anders weiter. So ist *Wetter* im westfriesischen Sprachgebrauch nämlich entweder eine »[1] farblose, lebensnotwendige Flüssigkeit; Wasser oder [2] ein von stehendem oder fließendem Wasser bedeckter Teil der Erdoberfläche; Gewässer«.[2]

In einigen Sprachen gab oder gibt es für schönes Wetter sogar ein eigenes Wort, so steht zum Beispiel das altkirchenslawische *Vedro* für »schönes Wetter, heiterer Himmel«.

Das Wetter wirkt sich aber nicht nur auf das aus, *was* wir sagen, sondern auch darauf, *wie* wir etwas sagen: Dass wir idealerweise nicht in einem einschläfernden, monotonen Singsang sprechen, sondern unsere Sprache abwechslungsreich gestalten können, verdanken wir unseren Stimmlippen im Kehlkopf (in der Umgangssprache Stimmbänder genannt). Durch sie können wir unserer Sprache eine Tonhöhe verleihen: In manchen Sprachen wird diese Fähigkeit mehr beansprucht als in anderen. Denn bei sogenannten tonalen Sprachen, oder Tonsprachen, ändert sich die Bedeutung eines Wortes je nach Tonhöhe und Tonkontur.[3] Letztere entspricht dem Verlauf der Tonhöhenfolge innerhalb eines Wortes: gleichbleibend, auf- oder absteigend. Die Tonsprache Bambara beispielsweise ist die Verkehrssprache in Mali und wird von knapp 3 Millionen Menschen gesprochen. Hier gibt es zwei Töne, den Hochton (´) und den Tiefton (`). Deshalb bedeutet *só* »das Haus« und *sò* »das Pferd«. Ein weiteres Beispiel für eine Tonsprache ist Mandarin-Chinesisch, bei dem ein Wort abhängig von der Tonhöhe bis zu vier verschiedene Bedeutungen haben kann. Ganz schön kompliziert – und wo kommt da jetzt das Wetter ins Spiel?

In einem interdisziplinären Projekt haben Forschende aus den Bereichen Psycholinguistik, evolutionäre Anthropologie und Mathematik in den Naturwissenschaften die Vermutung aufgestellt, dass es zwischen der Ausprägung der Tonhöhen einer Sprache und den klimatischen Bedingungen einer Region (also auf lange Zeit gesehen) einen Zusammenhang geben könnte.[4] Welche meteorologische Variable da zuerst in Verdacht kommt, lässt sich besonders zu Beginn der Heizperiode gut nachempfinden: In trockenen Räumen kratzt es im Hals, die Stimme klingt vielleicht sogar am Morgen anders. In 30 Prozent der Fälle wird als Ursache für Halsschmerzen eine niedrige Luftfeuchtigkeit angegeben. Umgekehrt hat selbst eine vorübergehende Erhöhung der Luftfeuchtigkeit nachgewiesenermaßen Auswirkungen auf die Stimmlippen, da die feuchtere Umgebung die Schleimhäute feucht und elastischer hält. Auch die Stimmlippenschleimhäute verändern sich: So können die Stimmlippen unter guten feuchten Bedingungen in ausreichendem Maße schwingen, um die korrekte Tonhöhe zu erzeugen.

Die Wissenschaftlerinnen und Wissenschaftler nahmen daher an, dass Tonsprachen in besonders trockenen Regionen seltener vorkommen, da variantenreiche Tonhöhen unter diesen Bedingungen schwerer zu produzieren sind und somit eher Missverständnisse entstehen könnten – so heißt im Mandarin *Ma* je nach Tonlage »Mutter«, »Pferd«, »Hanf« oder »Schimpfen«. Um zu überprüfen, ob es einen Zusammenhang zwischen Vorkommen von Tonsprachen und Gebieten mit hoher Luftfeuchtigkeit gibt, untersuchte man in einer Studie mit über 3750 Sprachen ungefähr die Hälfte der weltweit existierenden Sprachen aus unterschiedlichen Sprachfamilien. Und tatsächlich: In den Subtropen und Tropen Asiens und Zentralafrikas gibt es mehr Tonsprachen als im vergleichsweise trockeneren Mitteleuropa, den hohen Breitengraden oder Wüsten wie der Sahara, Atacama und Gobi. Komplexe Tonsprachen kommen in kalten Regionen sogar überhaupt nicht vor - denn egal wie hoch die relative Luftfeuchtigkeit ist, der absolute Wassergehalt ist viel geringer als bei warmer Luft. So erreicht Luft bei −10 °C zum Beispiel bei 2,3 g/m^3 Sättigung (100 Prozent rel. Luftfeuchtigkeit), bei 30 °C kann Luft viel mehr Wasser aufnehmen und erreicht Sättigung erst bei 30,4 g/m^3.

Die **LUFTFEUCHTIGKEIT** ist ein Maß für den Wassergehalt der Luft und wird in der Meteorologie auf verschiedene Weisen angegeben. Die relative Luftfeuchtigkeit wird in Prozent ausgedrückt, trockene Luft hat 0 Prozent, gesättigte Luft 100 Prozent rel. Luftfeuchtigkeit. Wird bei einer bestimmten Temperatur eine rel. Luftfeuchtigkeit von 100 Prozent erreicht, wird diese Temperatur auch als Taupunkt bezeichnet. Die Luft ist, solange sie diese Temperatur hat, nicht mehr in der Lage, weiteres Wasser aufzunehmen, so dass überschüssiges Wasser kondensiert.

Warme Luft kann mehr Feuchtigkeit aufnehmen als kalte Luft, oder auch: Die maximale Wasserdampfkapazität ist bei warmer Luft höher als bei kalter. Wenn warme, feuchte Luft abkühlt, sinkt die maximale Wasserdampfkapazität entsprechend, und die überschüssige Feuchtigkeit wird als Kondensation freigesetzt. Deshalb »schwitzen« im Sommer selbst die Kaltgetränke im Glas.

Auch in anderen Studien wurde festgestellt, dass Menschen in trockenen und kalten Umgebungen aufgrund des Einflusses von atmosphärischen Bedingungen auf die Stimmbänder und den Kehlkopf Sprachen mit insgesamt weniger Vokalen entwickeln.[5,6] Umgekehrt enthalten Sprachen, die von Menschen in Gebieten mit erhöhter Luftfeuchtigkeit und Hitze gesprochen werden, mehr Vokale. Es wird vermutet, dass neben dem Einfluss des Wetters auf die Physiologie und Funktion der Sprachorgane auch die Beschaffenheit der Umgebung wichtig ist, denn sie entscheidet, wie weit Klang reichen kann und wie deutlich er letztlich gehört wird. In Gebieten wie den Tropen mit relativ hohen Temperaturen und hoher Feuchtigkeit, gleichzeitig oft auch reich an Vegetation, haben Sprachen mehr Vokale und können deshalb - so die Vermutung - trotz all der Bäume, Pflanzen und Gewässer, die einen Teil des Schalls bereits absorbieren, dennoch klar gehört werden.

Über Jahrhunderte hinweg haben also klimatische Bedingungen, Luftfeuchte und auch Temperaturen Einfluss darauf genommen, wie wir heute miteinander sprechen.

ÜBERS WETTER WETTERN

Für alle, die jetzt ein wenig traurig sind, dass es im deutschen Sprachraum nur zu Teekesselchen reicht und nicht für nuanciertere Verwechslungsmöglichkeiten (»Maaaaaa-maaaaaaaaa!« - Möchten die Kinder ein Pferd? Hanf? Soll ich schimpfen?), gibt es einen kleinen Trostpreis aus der Rubrik »wetterige Redewendungen«. Gleich setzt's ein Donnerwetter, aus heiterem Himmel den Duft der Freiheit wittern, etwas in den Wind schlagen oder sogar jemandem den Wind direkt aus den Segeln nehmen, die Liste ist lang. Das Wetter findet sich in zahlreichen Redewendungen wieder, und es ist längst Teil unserer Alltagssprache - denn was eignet sich für den Smalltalk besser, als erstmal eine Runde über das Wetter zu wettern?

Ursprünglich war das mittelhochdeutsche *wetern* ein ganz neutral besetztes Wort. Mittlerweile ist es aber deutlich negativ konnotiert. Hier eine vom Digitalen Wörterbuch der deutschen Sprache (DWDS) erzeugte Wortwolke zu oft mit *wettern* gemeinsam genutzten Begriffen - scheinbar wettert es sich in der Politik besonders gut.

Bündnis Grüne CDU-ABGEORDNETE
Baron
CDU-Fraktionschef CSU-FRAKTIONSCHEF
Gewerkschaftler
HEFTIG Fraktionschef
CSU-Stadtrat
NATURSCHÜTZER
dagegen Prediger Rathauschef SENATOR
FDP-Chef
SPD-FRAKTIONSCHEF SPD-Stadtrat VEHEMENT
SPD-Chef lauthals
LAUTSTARK unisono unlängst
landauf
wortgewaltig wortreich

Aus Nomen wird Verb, so ist es im Englischen ebenfalls. Das Verb *weather* hat aber eine ganz andere Bedeutung als im Deutschen: *to weather a storm* bedeutet, dass zum Beispiel ein Schiff erfolgreich durch einen Sturm hindurchsegelt. Auch auf ganz andere Art und Weise hat es das Wetter in unseren Sprachgebrauch geschafft: Beim 1939 von Alex Osborn in einer Werbeagentur in New York konzipierten *brainstorm* widmen sich mehrere Menschen gemeinsam einem Problem, um so zu kreativeren und effizienteren Lösungen zu kommen. Kritik ist dabei verboten, jede Idee darf genannt werden – und dass man gerade so zu einem Geistesblitz kommt, liegt ja vielleicht auch nahe, immerhin sind Blitze gerade in Stürmen oft zu finden. Wettertechnisch verheißt der Begriff schon mal viel Gutes: Die Methode ist so verbreitet, dass sie euch sicher schon mehrfach über den Weg gelaufen ist. Dabei war schon wenige Jahre später klar, dass ein Sturm der Gedanken und Ideen gar nicht das optimale Mittel zum Zweck ist. Schon 1958 befanden Psychologinnen und Psychologen nach einer Studie an der Yale University, dass produktivere Ergebnisse erzielt werden, wenn Teilnehmende sich einzeln mit der Lösung eines Problems beschäftigen. Auch andere Studien haben sich seitdem mit den Schwächen des gemeinsamen Brainstormens beschäftigt und diese Erkenntnis bestätigt: Dennoch erweist sich die Methode als äußerst langlebig und hartnäckig.[7]

Aber nicht nur das, viele weitere meteorologische Phänomene finden sich im Sprachgebrauch unserer Gesellschaft wieder: Der Begriff *snowflake* zum Beispiel, teilweise sogar als Bezeichnung für eine ganze Generation, wird seit den 2010ern verwendet. Inspiriert durch die Einzigartigkeit und Zartheit einer Schneeflocke möchte man damit dem Gegenüber eine Mischung aus überhöhtem Gefühl der Einzigartigkeit, unbegründetem Anspruchsdenken und überzogener Emotionalität zuschreiben. Ganz schön kreativ – und wer hätte gedacht, dass sich gerade zarte weiße Schneeflöckchen einmal als *argumentum ad hominem* durchsetzen? In der Tat hat sich der Begriff besonders in Diskussionen zum Brexit und den damaligen Wahlen in den USA on- wie offline so verbreitet, dass die englische Zeitung *The Guardian* dieses Wort im Jahr 2016 zur Beleidigung des Jahres gekürt hat.

Wo findet man noch Schneeflocken und andere Wettersymbole im Netz? Zur visuellen Unterstützung der geschriebenen Kommunikation eignen sich Emojis hervorragend als schnelle und effektive Ergänzung im Sprachgebrauch. Auch wenn sich viele Emojis universell einsetzen lassen, ganz ohne Missverständnisse geht es meist nicht – denn je nach Kontext oder Gruppe haben manche Emojis eine Doppelbedeutung. So auch beim Wetter: So kann zum Beispiel das sehr klassische Bild des Schneemanns ⛄ nebst der offensichtlichen Bedeutung auch als Symbol für Winter, Weihnachten, Kindheitserinnerung und Glück stehen. Oder man bestellt sich damit, wie übrigens auch mit ❄ und 🌬, online Drogen. Denn mit Wind setzt man Cannabis auf die Einkaufsliste, Schneeflocke und Schneemann gelten im Onlinedrogenhandel als Code für Kokain. Um den Zusammenhang zu erkennen, muss man zwar nicht sehr stark um die Ecke denken, aber dennoch ist es je nach Kontext gut zu wissen.

Apropos Emojis, auch hier sieht man den Einfluss des Wetters, oder in diesem Fall des Klimawandels, auf den Sprachgebrauch: Songwriter und selbsternannter Klimakünstler Oli Frost empfand das als »hot, nice, Zustimmung« verwendete Feueremoji 🔥 während einer der vielen Hitzewellen in den vergangenen Jahren nicht mehr als angemessen. Er erhielt von seinen Followern viel Beifall für den Vorschlag, im Zuge des Klimawandels und zunehmender Hitzetage nicht mehr das Feueremoji zu nutzen - und so verbreitet sich jetzt die Verwendung der cooleren Variante, nämlich lieber Eiswürfel als Zustimmung zu senden: 🧊🧊🧊.

DAS KLIMAWORTSCHATZ-ERWEITERUNGSPHÄNOMEN

In der deutschen Sprache können wir durch das Zusammensetzen von bestehenden Wörtern immer wieder neue Wörter kreieren, sogenannte Komposita. Der Donaudampfschifffahrtsgesellschaftskapitän ist ein bekanntes Kompositum, und auch beim Klima sind wir in der deutschen Sprache sehr kompositionsfreudig. Weil das Thema in den letzten Jahren mehr und mehr diskutiert wird, finden sich inzwischen über 1200 Klimakomposita - eine wirklich beeindruckende Zahl. Und es werden stetig mehr: *Klimakleber* ist so ein Wort, das ich mir noch vor gar nicht allzu langer Zeit nicht mal mit sehr viel Fantasie hätte vorstellen können. Man darf also neugierig sein, welche Klimakomposita uns noch erwarten.[8]

KLIMA

-abgabe,
-abkommen,
-aktivist,
-ampel,
-angst,
-apokalypse,
-baum,
-buch,
-bürger,
-beschluss,
-bewegung,
-bewusstsein,
-blockade,
-bonus,
-chaos,
-chaot,
-clown,
-demonstrant,
-diktatur,
-dogmatik,
-erwärmung,
-fanal,
-faschismus,
-feind,
-festung,
-flüchtling,
-fokus,
-fonds,
-geld,
-gerechtigkeit,
-gewinner,
-gipfel,
-götze,
-hölle,
-hüpfer,
-hype,
-hysterie,
-ikone,
-inquisition,
-jargon,
-journalismus,
-jünger,
-justiz,
-kampf,
-kasper,
-katastrophe,
-killer,
-kipppunkt,
-kirche,
-kleber,
-klippe,
-klub,
-kollaps,
-kommunikation,
-kommunismus,
-konsortium,
-kontrolle,
-krimineller,
-krise,
-kult,
-leugner,
-lockdown,
-lüge,
-manifest,
-migrant,
-narrativ,
-navigator,
-neutralität,
-notstand,
-optimist,
-papst,
-politik,
-priester,
-professor,
-protest,
-psychologie,
-quote,
-radikaler,
-rassismus,
-realist,
-religion,
-reparation,
-reporter,
-retter,
-rhetorik,
-risiko,
-resistenz,
-schaden,
-schädiger,
-scharlatan,
-schuld,
-schutz,
-schwindel,
-sensibilität,
-service,
-skeptiker,
-solidarpakt,
-sozialfonds,
-spinner,
-sprech,
-staat,
-stalinist,
-standpunkt,
-steuer,
-streik,
-sünder,
-terrorist,
-tod,
-toter,
-urteil,
-variabilität,
-verbrecher,
-verlierer,
-verfall,
-vignette,
-visionär,
-volksbegehren,
-vorbehalt,
-wandeldiskurs,
-wirksamkeit,
-witz,
-zerstörung,
-wandelzug.

Sehr enthusiastisch wird auch darüber diskutiert, ob *Klimawandel* das richtige Wort ist – das Klima hat sich ja auch schon ohne den Menschen gewandelt, also müsste man strenggenommen immer vom *menschengemachten Klimawandel* reden, um präzise zu formulieren, worum es eigentlich geht. Und sowieso erwartet uns doch auch eher eine *Klimakatastrophe* als ein harmloserer *Wandel*. Oder wie es der UN-Generalsekretär António Guterres auf der 27. UN-Klimakonferenz sagte: »We are on the highway to climate hell.« *Klimahölle* ist anderen wiederum zu heftig formuliert, die zur Mäßigung in der Sprachwahl aufrufen. Und beim *Klimaschutz* stelle ich mir mittlerweile oft die Frage, ob das Wort so angebracht ist: Das Klima müssen wir nicht des Klimas wegen schützen, sondern um unseren Lebensraum und den aller anderen Spezies zu erhalten. Angesichts der immensen Herausforderungen, die auf uns warten, scheinen solche Debatten vielleicht manchmal müßig – es sind doch nur Wörter. Ich halte es im Sinne einer zielgerichteten Klimakommunikation aber für sehr sinnvoll, hier immer wieder zu prüfen, wie effektiv die gewählten Worte im jeweiligen Kontext sind. Ein Klimaschutzkommunikationsoptimierungsmaßnahmenreflexionsprozess, quasi.

WETTER MACHT MUSIK

Bilder, Literatur, Sprache, überall ist das Wetter. Sogar in der Musik finden wir es wieder – zum Beispiel zum Vermitteln von Informationen durch Lieder, denn wie könnten sich die Jahreszeiten besser lernen lassen als mit *Es war eine Mutter, die hatte vier Kinder*? Ich erinnere mich aber auch noch gut an eine Musikunterrichtsstunde, in der wir die *Musikalische Schlittenfahrt* von Leopold Mozart analysieren mussten. Lange diskutierten wir, bei welcher Minute sich aufgrund welcher Instrumente erkennen lässt, dass im Stück ein schöner sonniger, aber auch klirrend kalter Ausflug mit dem Pferdeschlitten durch eine verschneite Winterlandschaft beschrieben wird. Mit dem Beginn der klassischen Orchestermusik erkennt man die Referenz zu Wetterphänomenen durch das Nachahmen mithilfe von Musikinstrumenten: In den *Vier Jahreszeiten* von Antonio Vivaldi sind es zum Beispiel die Soloviolinen, die im Frühling Vögel nachahmen, während das Orchester im Herbst das Rascheln der Blätter imitiert. Dabei sind angenehme Wetterlagen oft in Dur-Tonarten, stürmische in Moll komponiert.

Schaut man sich die gängigsten Wetterhits der letzten Jahrzehnte an, ist es oft wie bei der Lyrik: Das auftretende Wetter unterstreicht die emotionale Aussage der Musik. Und die schiere Masse an Liedern mit wetterbezogener Metaphorik hat mich fast erschlagen: *Walking on sunshine, I can see clearly now the rain is gone, why does it always rain on me*. Der Wind hat Antworten für uns (*the answer, my friend, is blowin' in the wind*), man träumt sich zu *Somewhere Over the Rainbow* an einen friedlichen Ort. Aus einer Karaoke-Datenbank haben die Meteorologin Sarah Brown und ihr Team 419 Songs auf das besungene Wetter analysiert[9]: In 37 Prozent aller Texte kommen Sonne und Regen vor (Sonne leicht vor Regen), gefolgt von den Jahreszeiten und Wind auf Platz 3 und 4. Am seltensten kommen Schneestürme und Frost zum Einsatz – und auch in Weihnachts- und Winterliedern geht es mehr um die kuschelige Wärme vor dem Kamin als um Kälte und gefrorene Nasenspitzen. Aus den *500 Greatest Songs of All Time* nach Meinung des Musikmagazins *Rolling Stone* im Jahr 2011 sind immerhin 7 Prozent wetterbezogen, außerdem werden Wettersymbole besonders gern mit der Liebe verknüpft: *When You're Smiling (The Whole World Smiles With You)* – »*When you're laughin', when you're laughin', the sun comes shinin' through / But when you're cryin' you bring on the rain*«. Der Nummer-1-Song mit Wetterbezug von dieser Liste: *Good Vibrations* von The Beach Boys, auch wenn Wetter in diesem Song nur eine sekundäre Rolle spielt. Und natürlich transportieren Wetterphänomene die Emotionen und Aussagen der Liedzeilen gerade deshalb so gut, weil wir alle ausreichend Erfahrung mit dem Wetter haben – und deshalb genau wissen, welche Konnotation gewünscht ist, wenn es heißt *»Ain't no sunshine when she's gone«*.

Man stelle sich hingegen mal die seitenverkehrte Variante vor: einen Song mit strömendem Regen, eisigem Wind und ausgelassen-fröhlichen Beatles: *»Here comes the storm, doo-doo-doo-doo«*, oder Bill Withers, der sich freut, *»Ain't no snowstorm when she's gone – only sunshine every day«*. Funktioniert einfach nicht.

Kurz hatte ich auch überlegt, dieses Kapitel mit Textzeilen aus den berühmtesten Hits zu formulieren oder wenigstens dieses Buch zum Soundtrack von Wetterliedern zu schreiben. Leider ist die Bandbreite der Wetter-Musik von Volksliedern (*Hejo, spann den Wagen an*) über 80er-Jahre-Hits (*Walking on Sunshine*) hin zu Musical-Songs (*Hurricane* aus *Hamilton*) sehr groß und trifft nicht immer jeden Musikgeschmack.

Der Zusammenhang zwischen Wetter und Musik spielt auch in der Wissenschaft eine Rolle. Auch diese Verbindung hat Sarah Brown genauer untersucht: Bei der Analyse von 750 Musikstücken (von klassischer Musik bis zu aktuellen Songtexten) stellte sich heraus, dass Sonnenschein am meisten besungen wird, dicht gefolgt von Regen: Gemeinsam machen sie 37 Prozent aller musikalischen Wetterreferenzen aus. Auch das Wetter in der unmittelbaren Umgebung zeigt einen Einfluss: So stellen britische Songwriter überproportional oft die starke Variation der Wetterlagen und stürmischen Bedingungen an den Küsten in ihren Texten dar.[10]

Außerdem wurden bei der Untersuchung aus der Datenbank von über 400 Karaoke Liedern 190 Songs mit primärem Bezug zu Wetter identifiziert. Anschließend hat man analysiert, wie das Wetter im Entstehungsjahr von 91 dieser Songs war. In den 1950er- und 1960er-Jahren erwähnen demnach 24 von 33 Songs (73 Prozent) Stürme,

Wind, Regen oder Hurrikane. Für die 1970er- und 1980er-Jahre gibt es zunächst nur 26 Songs – und hiervon nennen nur 12, also 46 Prozent, diese Schlagwörter. Bei Betrachtung der Wetterbedingungen in den USA fällt auf, dass in den 1950ern und 1960ern besonders viele Stürme auftraten, insbesondere Hurrikane wie Betsy, Hazel, Carol, Donna und Carla. Man schlussfolgerte, dass Verweise auf schlechtes Wetter in Pop-Songs in den stürmischen 1950er- und 1960er-Jahren signifikant wahrscheinlicher waren als in den relativ ruhigen 1970er- und 1980er-Jahren.

Wetter findet sich nicht nur nachgeahmt oder durch Instrumente imitiert in Melodien wieder, es kann also auch einen direkten Einfluss auf Kompositionen und Songtexte haben.

Aber nicht nur das: Ich empfehle hier, die Beatles oder Katrina and The Waves einmal auszumachen und stattdessen diese Cello-Komposition anzuhören, ohne weiterzulesen: https://t1p.de/9szrl

Das war *A Song of Our Warming Planet* von Daniel Crawford, der sich an der University of Michigan gemeinsam mit seinem Geographieprofessor Scott St. George überlegt hat, dass man doch auch umgekehrt Musik nutzen könnte, um Wetter- oder sogar Klimainformationen zu transportieren.[11] Das Hörbarmachen von Datensätzen nennt sich *data sonification* oder Datensonifikation. Entschieden haben sie sich für den Global Land-Ocean Temperature Index der NASA, der Temperaturanomalien über einen langen Zeitraum von 1880 bis 2012 in 0,01-°C-Schritten anzeigt. Anomalien geben an, wie viel wärmer oder kälter es in einem Jahr im Vergleich zu einem normalen Jahr war – mit normal ist hier der Durchschnitt von 1951 bis 1980 gemeint. Kältere Jahre werden blau gefärbt, wärmere rot, so lässt sich die Veränderung der Temperatur als *climate stripes* oder Klimastreifen bildlich darstellen.

Da es im gesamten Zeitraum des Datensatzes 1909 am kältesten war, wird hier auch der tiefste Ton des Cellos gespielt: ein C. Für jedes Jahr wird eine eigene Note abgespielt, pro 0,03 °C Unterschied ändert sich auch die gespielte Note um einen Halbton: höhere Töne in wärmeren Jahren, tiefere Töne in vergleichsweise kälteren Jahren.[12] Im frühen 20. Jahrhundert bewegt sich das Stück noch in sehr tiefen Tonlagen, bevor dann zur Mitte des Jahrhunderts bereits die mittlere Tonlage erreicht wird.

Das Stück endet im Jahr 2012 dann in sehr hohen Tönen - *climate stripes* in Musikform. Und die sehr eindrückliche Botschaft am Ende: Sollte sich die globale Erdmitteltemperatur bis Ende 2100 tatsächlich um weitere 1,8 °C erwärmen, müsste das Cello Töne im für Menschen nicht mehr hörbaren Bereich abspielen.

Wetter der Zukunft

Machen wir es kurz: Dies ist ausdrücklich ein wirklich wichtiges Wetterbuch und kein komplexes Klimabuch. Die Klimawissenschaftlerin in mir schafft es aber nicht komplett ohne – bestimmt doch der menschengemachte Klimawandel das Wetter der nächsten Jahre mehr, als mir und vermutlich uns allen lieb ist.

THE ELEPHANT IN THE ROOM

Als Meteorologin galt mein persönliches Interesse dem Zusammenhang zwischen Wetter und Gesundheit, ich hatte mir hier die gefühlte Temperatur, um die es weiter oben geht, herausgesucht. Eine Mentorin am Institut schlug dann vor, kürzlich verfügbar gemachte Klimamodelldaten zu nutzen und die gefühlte Temperatur der Zukunft auszurechnen, die in Deutschland pro Jahrzehnt durchschnittlich erwartet werden kann. Das war 2008, meine Diplomarbeit und ein allererster Schritt in die wissenschaftliche Forschung. Vor allen Dingen war es erstmal eins: sehr abstrakt, selbst für mich als Wissenschaftlerin. Was eine im Durchschnitt auf zehn Jahre um 0,5 Grad erhöhte gefühlte Temperatur genau für den Alltag aussagt, war schwer vorstellbar. Und ja, die Extreme wurden extremer. Aber genauso gab es auch Zeiträume und Regionen, in denen nicht so viele Änderungen bevorstanden. Meine erste Berührung mit dem Thema Klimawandel war also noch relativ nüchtern. Als ich dann für meine nachfolgende Doktorarbeit aufgefordert wurde, als wissenschaftliche Mitarbeiterin in einem Projekt zu Klimawandel und den Auswirkungen auf Bangladesch zu forschen, war ich erstmal gar nicht sehr interessiert. Klimawandel, okay. Aber ich fand die Wechselwirkungen zwischen Mensch und Wetter immer noch viel spannender. Als frisch diplomierte Meteorologin hat man durchaus gute Jobperspektiven, trotzdem gibt es solche Stellen auch nicht wie Sand am Meer. Und immerhin stand mit der Forschung in Bangladesch auch eine gehörige Portion Horizonterweiterung in Aussicht. Um es abzukürzen: Dass der Klimawandel in einem Land wie Bangladesch ein Verstärker für alle bereits existierenden Herausforderungen ist, war mir spätestens nach der Promotion klar. Und spätestens jetzt war ich nicht mehr nur Meteorologin, sondern plötzlich auch Klimawissenschaftlerin.

Der natürliche Treibhauseffekt ermöglicht uns überhaupt erst das Leben auf der Erde – ohne diesen Vorgang in unserer Atmosphäre hätten wir unangenehme -18 °C. Dass Treibhausgase wie Wasserdampf und Kohlenstoffdioxid selbst Strahlung absorbieren und wiederum abgeben, ist an sich erstmal etwas für uns Menschen Gutes. Schwierig wird es, wenn wir die Konzentration der Treibhausgase verändern – und genau das tun wir durch unser Verhalten, insbesondere seit der Industrialisierung im Globalen Norden.

Aus langjährigen Messreihen wie zum Beispiel am hawaiianischen Vulkan Mauna Loa wissen wir, dass die CO_2-Konzentration seit Jahrzehnten kontinuierlich ansteigt. Dabei hat CO_2 an sich nur einen scheinbar verschwindend geringen Anteil an der Atmosphäre, nämlich rund 0,04 Volumenprozent. Wichtig ist hier zu verstehen, dass CO_2 eine besonders günstige Wärmeabsorptionsrate hat – oder in unserem Fall eher ungünstig. Wenn jetzt mehr und mehr Kohlendioxid vorhanden ist, erwärmt sich die Atmosphäre stärker und stärker und

TREIBHAUSGASEFFEKT

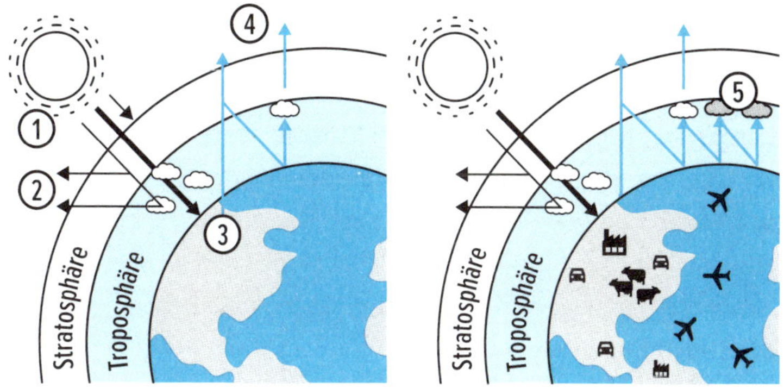

Solare Einstrahlung (1) wird durch die Atmosphäre und die Wolken reflektiert oder absorbiert (2), der verbleibende Teil wird von Land- und Meeresoberfläche absorbiert (3). Die Erde gibt diese Einstrahlung als Wärmestrahlung zurück ins All (4), wo THGs die Wärme absorbieren (5).

wirkt dann selbst zusätzlich zur Sonne als eine weitere Strahlungsquelle für die Erwärmung der Luftschichten unmittelbar oberhalb des Erdbodens.

Auch die Konzentration anderer Treibhausgase (THG, oder *Green House Gases*, GHG) wie Methan oder Lachgas hat sich in den vergangenen Jahren erhöht. Tatsächlich lässt sich der Anstieg der globalen Mitteltemperatur der Erde in Klimamodellen auch nur durch die Erhöhung der THGs erklären.

Die satellitengestützte Erdbeobachtung gibt uns weitere Bestätigung dafür: Die Erde strahlt entsprechend der Temperatur der Erdoberfläche kontinuierlich im Infrarotbereich – verliert also dauerhaft Wärmestrahlung an das Weltall. Durch die Zunahme an THGs wird mehr und mehr Strahlung an der Durchquerung der Troposphäre gehindert, es kommt weniger Wärmestrahlung in der Stratosphäre an: Die Troposphäre müsste sich also bei Anstieg der THGs erwärmt haben, während die Stratosphäre dadurch abkühlt. Und genau das wird anhand von Satellitendaten identifiziert, und von einer seit 2001 aus Radio-Okkultation gewonnenen Zeitreihe bestätigt: Die Temperatur der Troposphäre ist um 0,5 K/10 Jahre gestiegen, die der Stratosphäre um ziemlich genau diesen Betrag gesunken. Zeitgleich dehnt sich die Troposphäre aus, so dass die Tropopause höher liegt als noch vor wenigen Jahren.[1] Auch das ist ohne den Anstieg der THGs schwer zu erklären.

Informationen über den Zustand der Atmosphäre lassen sich durch In-situ-Messungen während des Aufstiegs einer Radiosonde direkt gewinnen. Diese werden zum Beispiel durch den Deutschen Wetterdienst zweimal am Tag an neun bundesweit verteilten Stationen steigen gelassen. So kann ein vertikales Profil von Temperatur, Druck, Feuchte und Wind sofort erhalten werden. Allerdings sind für ein umfassendes Verständnis der räumlichen und zeitlichen Änderungen der atmosphärischen Zustandsvariablen flächendeckende Informationen nötig – gerne auch öfter als zweimal am Tag. Hierbei hilft die Fernerkundung, die unter Verwendung von elektromagnetischen Wellen und Schallwellen die Möglichkeit bietet, atmosphärische Zustandsvariablen indirekt abzuleiten. Die Informationen werden also aus der Ferne gesammelt, und ein Werkzeug der Fernerkundung ist die **RADIO-OKKULTATION**. Bei der Radio-Okkultation macht man sich zu Nutze, dass ein Radiosignal beim Durchqueren der Atmosphäre an den festen und flüssigen Bestandteilen gebeugt und dadurch eine Verschiebung von Phase und Amplitude des Signals erzeugt wird. Ab einer gewissen Höhe in der Atmosphäre, ungefähr ab der Mitte der Troposphäre, ist die Luft trocken genug, um einen direkten Zusammenhang zwischen Refraktionsindex und der Dichte der Luft zu formulieren. So sind dann Rückschlüsse auf Zustandsparameter der Atmosphäre wie Temperatur, Druck und Dichte sowie deren entsprechende vertikale Profile möglich.

Dass es einen menschengemachten Klimawandel gibt, wird schon seit Jahrzehnten in der wissenschaftlichen Literatur beschrieben und wieder und wieder in unzähligen Faktenpapieren und Sachstandsberichten auf Tausenden Seiten aufbereitet. In der Wissenschaft unumstrittene Basisfakten zum Klimawandel hat zum Beispiel in Deutschland eine Gruppe von sechs Organisationen zusammengetragen: Das Deutsche Klima-Konsortium, die Deutsche Meteorologische Gesellschaft, der Deutsche Wetterdienst, der Extremwetterkongress Hamburg, die Helmholtz-Klima-Initiative und das Team um klimafakten.de haben gemeinsam ein Faktenpapier in verständlicher Sprache verfasst, das zudem noch regelmäßig aktualisiert wird. Der Konsens zum Klimawandel lässt sich so in 5 Kerninfos in nur 20 Worten zusammenfassen:

- Er ist real.
- Wir sind die Ursache.
- Er ist gefährlich.
- Die Fachleute sind sich einig.
- Wir können noch etwas tun.[2]

(Und als Ergänzung meinerseits: Wir wissen, was zu tun ist). Klimaschutz, Klimafolgen und Klimaanpassung sind tatsächlich ein Themengebiet, mit dem ich mich nahezu täglich beschäftige – aber hier soll es ja ums Wetter gehen. Und, na klar ändert sich durch den Klimawandel irgendwie auch das Wetter – oder nicht? Woher weiß man eigentlich, ab wann der Klimawandel nicht nur im Modell in ferner Zukunft sichtbar wird, sondern ganz direkt vor der eigenen Haustür? Wie kann man unterscheiden, ob das noch eine üblich zu erwartende Witterung ist oder ob diese sich grundlegend geändert hat? Das sind spannende Fragen, die zudem gar nicht so leicht zu beantworten sind: Denn Wetter ist ja ohnehin sehr variabel, und auch Wetterextreme hat es in der Vergangenheit schon oft gegeben. Trotzdem gibt es darauf Antworten aus dem Feld der noch vergleichsweise jungen Attributionsforschung. Zum Beispiel kann man mit Hochleistungsrechnern Wetter und Klima simulieren – einmal für die möglichst realen Bedingungen, einmal für eine Zwillingserde ohne menschengemachte Emissionen. Die Wahrscheinlichkeit, dass ein bestimmtes Ereignis eintritt, kann dann in den zwei Welten verglichen werden.[3] So lassen sich auch einzelne Ereignisse wie der Starkregen im Juli 2021 und die anschließende Flut im Ahrtal auf den Klimawandel zurückführen. Diese Ergebnisse werden auch genutzt, um bei Klimaklagen als Beweismittel zu dienen.

Das Wetter der Zukunft wird also maßgeblich durch den menschengemachten Klimawandel bestimmt werden – daran gibt es keinen Zweifel, doch was bringt die Zukunft außer Klimawandel noch? Welche Möglichkeiten bringt der technologische Fortschritt für die Welt des Wetters? Und werden wir irgendwann mit hundertprozentiger Gewissheit sagen können, wie das Wetter wird, es vielleicht sogar selbst per Knopfdruck entscheiden können?

IOT UND KI

Im Bereich der Wetterbeobachtung gibt es kontinuierlich Neuerungen und Verbesserungen: Zum Beispiel gewinnen Drohnen oder auch an Fahr- und Flugzeugen befindliche Sensoren schon heute Daten aus sonst schwer zugänglichen Gebieten. Und auch die Handymasten liefern uns wichtige Informationen: Hier wird das Signal über Mikrowellen-Links weitergeleitet, die die Kommunikation über große Entfernungen von wenigen Kilometern bis hin zu Hunderten von Kilometern ermöglichen. Allerdings wird das weitergeleitete Signal von Mast zu Mast durch Niederschlag, oder je nach verwendeter Frequenz auch durch die Luftfeuchtigkeit, abgeschwächt – oder positiv gesehen, durch diese Dämpfung lassen sich wertvolle meteorologische Erkenntnisse zum Niederschlag und Feuchtigkeitsgehalt der Luft gewinnen.[4] Und ein weiterer Bereich hat sich zumindest aus meiner Sicht in den letzten Jahren rasant entwickelt. Ich gehöre nicht mehr ganz zur Generation, die noch 15 km im Schnee zur Schule gegangen ist – barfuß und bergauf in beide Richtungen, das versteht sich von selbst. Dafür aber zu der Generation, die, wenn sie heimlich nachts noch schnell im Internet etwas für die Hausaufgaben nachgucken musste, erstmal eine dicke Decke über das Modem gelegt hat, bevor das Einwahlgeräusch die nächtlichen Aktivitäten verriet. Und »schnell« ist hier definitiv relativ zu sehen.

Das Internet der Dinge (IoT) ist ein Sammelbegriff für ein Netzwerk miteinander verbundener Geräte, die ohne menschliches Eingreifen mithilfe von Sensoren gewonnene Daten über das Internet sammeln und austauschen können. Mal ein ganz simples Beispiel, das viele von uns kennen: Ein wichtiges Dokument will ausgedruckt werden, und natürlich, wann auch sonst, ist gerade jetzt die Druckerpatrone leer. Man holt sie heraus, schüttelt und rüttelt sie in der Hoffnung, ihr noch ein paar weitere Blätter abzuringen. Wer hat schon die Zeit, gerade jetzt ins Druckerpatronenfachgeschäft zu gehen und Ersatz zu besorgen? Ist der Drucker IoT-fähig, und das sind inzwischen einige, meldet das Gerät den niedrigen Füllstand automatisch an den Hersteller, der dann wiederum ohne unser Zutun Nachschub auf den Weg bringen kann – und zwar nicht erst, wenn wir hilflos vor unserem halb ausgedruckten Blatt Papier stehen.

Im Zusammenhang mit dem Wetter können IoT-Geräte genutzt werden, um Echtzeitdaten zu Wetterbedingungen wie Temperatur, Luftfeuchtigkeit, Windgeschwindigkeit und Niederschlag von verschiedenen Orten zu sammeln. Diese Daten können dann analysiert und verwendet werden, um unser Verständnis von Wettermustern zu verbessern und genauere Wettervorhersagen zu erstellen.

Ein wesentlicher Vorteil von IoT-Geräten ist ihre Fähigkeit, Daten von einer großen Anzahl von Standorten gleichzeitig zu sammeln. Herkömmliche Wetterstationen befinden sich normalerweise in bestimmten Gebieten, und ihre Daten geben die Bedingungen in anderen Gebieten möglicherweise nicht genau wieder. Im Gegensatz dazu können IoT-Geräte in Haushalten, Unternehmen und öffentlichen Räumen installiert werden und so einen umfassenderen Überblick über die Wetterbedingungen in einer Region bieten.

Außerdem sind IoT-Geräte in der Lage, Daten mit hoher Frequenz zu sammeln. Herkömmliche Wetterstationen erfassen Daten normalerweise in Intervallen von 30 Minuten bis zu einer Stunde, IoT-Geräte können das alle paar Sekunden machen. Diese Hochfrequenzdaten könnten dann wiederum verwendet werden, um detailliertere und genauere Wettervorhersagen zu erstellen, insbesondere in Regionen, in denen sich die Wetterbedingungen schnell ändern. Oder man nutzt sie für den Hausgebrauch: Auch heute schon gibt es Apps, die die Wettervorhersage und eventuell vorhandene Beobachtungsdaten integrieren, um zu steuern, ob zuerst die Klimaanlage oder das Warmwasseraufbereitungssystem über die hauseigene PV-Anlage mit Strom versorgt wird.[5]

IoT-Geräte können auch Daten zu bestimmten Wettervariablen liefern, die nicht immer von herkömmlichen Wetterstationen gemessen werden, wie Luftqualität, Bodenfeuchte und Sonneneinstrahlung. Damit lassen sich Wettermodelle erweitern, die ein breiteres Spektrum an Variablen berücksichtigen.

Wichtig ist hierbei zu wissen, welcher Sensor wo und wie eingesetzt wurde, um die Qualität dieser Daten einordnen zu können. Dennoch wird der Einsatz von IoT-Geräten sicher zu einem besseren Verständnis von Wettermustern und damit zu einer besseren Vorhersage beitragen können. Das erhofft man sich auch von Künstlicher Intelligenz (KI), die in der Meteorologie schon länger ein Begriff ist.

KI-Verfahren kommen bei der Bearbeitung von großen Datenmengen im Bereich der satellitengestützten Fernerkundung oder auch beim Downscaling zum Einsatz: Kleinere Regionen sind besonders in globalen Modellen oft nicht ausreichend aufgelöst. Downscaling ist ein Prozess, bei dem globale oder regionale Modelldaten auf kleinere räumliche und zeitliche Skalen heruntergerechnet werden, indem Beziehungen zwischen großskaligen Variablen aus den globalen Modellen und lokalen Bedingungen hergestellt werden. Diese Methoden werden anhand von historischen Beobachtungsdaten entwickelt und trainiert, unter anderem auch unter Verwendung von KI. Auch im Bereich der Bilderkennung zum Beispiel bei der Analyse und Klassifizierung von Wolkenbildern und Satellitenaufnahmen werden KI-Methoden eingesetzt.[6]

Die Möglichkeiten, die sich durch die weitere Entwicklung von KI zukünftig bieten werden, kann ich aktuell nur erahnen – aber ich habe mich sofort gefragt, wie KI-gestützte Chatbots wie zum Beispiel ChatGPT uns im Bereich Wetter unterstützen können.

Als großes Sprachmodell hat ChatGPT das Potenzial, unser Verständnis von Wetter, Wettervorhersagen und Katastrophenmanagement auf verschiedene Weise zu verbessern.

- **WETTERVORHERSAGE**: ChatGPT kann auf die Interpretation umfangreicher Wetterdaten trainiert werden, einschließlich historischer Wettermuster, aktueller Wetterbedingungen und Klimamodelle. Durch die Analyse dieser Daten kann ChatGPT genauere und detailliertere Wettervorhersagen generieren. Darüber hinaus kann ChatGPT genutzt werden, um extreme Wetterereignisse wie Hurrikane, Tornados und Hitzewellen vorherzusagen.
- **KATASTROPHENMANAGEMENT**: ChatGPT kann verwendet werden, um Daten aus verschiedenen Quellen wie Social Media, Nachrichtenberichten und Notfalldiensten zu analysieren, um Naturkatastrophen wie Erdbeben, Überschwemmungen und Waldbrände

vorherzusagen und zu identifizieren. Dies kann bei der Katastrophenbewältigung helfen, indem es Frühwarnsysteme bereitstellt und Rettungs- und Hilfsmaßnahmen optimiert.

- **KLIMAÜBERWACHUNG**: ChatGPT kann auf Klimadaten aus verschiedenen Quellen wie Satelliten, Wetterstationen und Ozeanbojen trainiert werden. Dies kann bei der Überwachung des Klimawandels und seiner Auswirkungen auf die Umwelt, die Tierwelt und die menschliche Bevölkerung helfen.
- **WETTERBILDUNG**: ChatGPT kann als Werkzeug für die Wetterbildung verwendet werden, indem es leicht verständliche Erklärungen von Wettermustern, Klimawandel und ihren Auswirkungen auf den Planeten liefert.

Gibt es denn auch etwas, das ChatGPT nicht kann? Aber natürlich!

- **VORURTEILE UND UNGENAUIGKEITEN**: Wie alle Machine-Learning-Modelle kann ChatGPT gegenüber bestimmten Datenquellen voreingenommen sein, was zu Ungenauigkeiten in seinen Vorhersagen führen kann. Darüber hinaus können Fehler in den Eingangsdaten zu ungenauen Vorhersagen und Prognosen führen.
- **ÜBERMÄSSIGES VERTRAUEN IN DIE TECHNOLOGIE**: Ein übermäßiges Vertrauen in ChatGPT kann zu Nachlässigkeit und Fehlern bei der Wettervorhersage und beim Katastrophenmanagement führen, manchmal muss der Mensch nämlich doch eingreifen.
- **BEGRENZTER ANWENDUNGSBEREICH**: Die Fähigkeiten von ChatGPT sind durch die Daten begrenzt, mit denen das Programm trainiert wurde. Daher können seine Vorhersagen und Empfehlungen auf die Datenquellen beschränkt sein, auf die es Zugriff hat.
- **ETHISCHE ÜBERLEGUNGEN**: Die Verwendung von ChatGPT bei der Wettervorhersage, beim Katastrophenmanagement und bei der Klimaüberwachung wirft ethische Bedenken in Bezug auf Datenschutz, Datenbesitz und Datensicherheit auf.

Man kann also sagen, dass ChatGPT unser Verständnis von Wetter und Klima möglicherweise verbessern und bei der Bewältigung von Naturkatastrophen und der Überwachung des Klimawandels helfen kann. Allerdings müssen die negativen Aspekte wie Vorurteile, Ungenauigkeiten und ethische Bedenken berücksichtigt werden. Es ist wichtig, dass ChatGPT als Werkzeug und nicht als Ersatz für menschliches Urteilsvermögen und Entscheidungsfindung verwendet wird. Durch eine sorgfältige Integration von ChatGPT in bestehende Wettervorhersage- und Katastrophenmanagementsysteme können seine positiven Auswirkungen maximiert und seine negativen Auswirkungen minimiert werden.

Und ja, das ist vermutlich keine Überraschung, aber den Text hat natürlich ChatGPT selbst geschrieben, nachdem ich das Programm hiermit gefüttert habe: »Ich schreibe ein Buch über Wetter. Bitte gehe detailliert darauf ein, wie ChatGPT unser Verständnis von Wetter, Wettervorhersage, Katastrophenmanagement und mehr verbessern könnte. Bitte gib negative und positive Aspekte an.« Meine Einschätzung? Besonders die Idee, dass ChatGPT oder ähnliche Tools als Frühwarnsystem fungieren könnten, finde ich faszinierend. Wie werden unsere Warnsysteme in Zukunft wohl aussehen? Vielleicht können Warnungen irgendwann sogar individuell ausgesprochen und damit besonders effizient werden? Beim Punkt »Wetterbildung« würde ich nur allzu gerne zustimmen, da scheint es bei den aktuell verfügbaren Versionen aber noch reichlich Trainingsbedarf zu geben. Und wie sieht es mit dem Wetter auf Knopfdruck aus?

WETTER AUS DER FABRIK

Dass wir das Klima der Erde beeinflussen können, wissen wir leider nur zu gut. Aber wie sieht es mit dem direkten Einfluss auf das Wetter aus? Was stehen uns dort für Möglichkeiten zur Verfügung?

Es gibt wenig, das sich so stark auf unseren Alltag auswirkt wie das Wetter, früher vielleicht sogar noch mehr als heute. Besonders in der Landwirtschaft, wo ein einzelnes, nur schwer vorhersagbares Hagelereignis eine ganze Ernte vernichten konnte, wuchs schon früh der Wunsch zu kontrollieren, ob, wann und wo Hagel tatsächlich fällt. Noch Ende des 19. Jahrhunderts gab es Kleriker, die anregten, Kirchenglocken zu läuten, um Gewitter und besonders Hagel zu vertreiben, wie von Eichendorff in dem Gedicht *Marienlied* festgehalten:

»wenn ins land die wetter hängen
und der mensch erschrocken steht,
wendet, wie mit glockenklängen
die gewitter dein gebet«[7]

Die erhoffte Wirkung des Glockengeläuts wurde 1896 auf eine etwas größere Skala gebracht. Der österreichische Weinbauer Albert Stiger baute erste trichterförmige Hagelkanonen, mit denen bei drohendem Gewitter auf Wolken geschossen wurde. Die Schallwellen, so die Idee, sollten die Entstehung von Hagel aufhalten, indem sie kleine, im Hagel womöglich eingeschlossene Luftblasen zerstörten. Hagelkanonen waren zwar nie funktionsfähig, verkauften sich aber dennoch in den ersten Jahren zu Tausenden in verschiedene Anbauregionen. Die Skepsis folgte allerdings schnell: Denn diese Regionen waren trotz regelmäßiger Explosionen genauso von Hagel betroffen wie kanonenlose. Dennoch wurden sie in den 70er-Jahren wieder stärker verbreitet und werden sogar heute noch in manchen Anbauregionen genutzt. Der Zufriedenheit tut die Wirkungslosigkeit übrigens keinen Abbruch: Manche Landwirte berichten, dass das Feuern der Kanonen vielleicht physikalisch keinen Einfluss hat, aber dennoch wenigstens ein Gefühl von Selbstwirksamkeit vermittelt. Dem Schicksal will sich schließlich niemand einfach hingeben. So wurden die ersten Versicherungen initiiert, die Ernteausfälle durch Hagel zwar nicht verhindern konnten, aber die Folgen wenigstens erträglicher machten.[8]

Auch andere Versuche wurden gestartet, um die Entstehung von Hagel zu verhindern. Dieser bildet sich in sehr hohen Gewitterwolken, also *Cumulonimbus*, wenn warme, feuchte Luft rasant aufsteigt und beim Abkühlen an kleinen Partikeln, den Kondensationskernen, kondensiert. Je höher die Wolke reicht, desto kälter wird es – so kann es auch zur Bildung von Eiskristallen kommen. Dieser Hagelkern sinkt aufgrund seines Gewichts ab, und trifft hier auf weitere feine Wassertropfen, die ihn wachsen lassen. Dieser Vorgang, bei dem sich Hagelkerne in verschiedenen Gebieten der Wolke auf und ab bewegen, kann sich mehrmals wiederholen, wodurch das Hagelkorn immer größer wird. Dauert er länger als eine Stunde, so die Vermutung, werden die Hagelkörner so groß, dass sie nicht mehr in der Wolke gehalten werden können – sie fallen als Hagel zu Boden.

Durch Cloud Seeding, also das Einbringen von künstlichen Kondensationskernen wie Silberjodid in *Cumulonimbus*-Wolken, erhoffte man sich, Einfluss auf diesen komplexen Prozess zu nehmen und durch frühes Eingreifen die Entstehung von besonders schweren Hagelereignissen zu verhindern.[9] Diese Methode wird in vielen Ländern, besonders in trockenen Regionen, seit Jahrzehnten erforscht, um Niederschlag in Form von Schnee und Regen auslösen zu können. Die Schwierigkeit liegt vor allem im Nachweis: Denn auch wenn die Technik im Labor funktioniert, lässt sich in der Atmosphäre nur schwer sagen, ob es nicht auch ohne Eingriff zu Niederschlag gekommen wäre. Hierfür braucht es groß angelegte Messkampagnen, wie während einer Studie in Idaho im Winter 2017. Hier konnte mithilfe einer Kombination von verschiedenen Beobachtungsinstrumenten wie Radar und Schneemesser bestätigt werden, dass das Einbringen von Silberjodid in die Wolken tatsächlich an mehreren Standorten Schneefall verursachte – und zwar selbst dann, wenn dort zuvor kein Hinweis auf Schneebildung vorhanden war. So erzeugte ein 67-minütiger Flug eine Erhöhung der Schneemenge um 1/10 mm auf einer Fläche von etwa 2300 km². Demnach hängt der Erfolg des Cloud Seedings von den bereits vorliegenden atmosphärischen Bedingungen und anderen Faktoren ab, weshalb es weder ein einfaches noch ein kosteneffektives Verfahren ist, um Niederschlagsmengen zu erhöhen. Dennoch bemühen sich über 50 Länder aktuell um Forschung und technische Entwicklung in diesem Bereich. Das bringt einige ethische Fragestellungen mit sich: Denn wenn ich durch Cloud Seeding eine Wolke dazu bringe, potenzielle Niederschläge bei mir abzuregnen, fehlt dieses Wasser möglicherweise in einem anderen Gebiet. Auch zu militärischen Zwecken sind Eingriffe dieser Art in die Umwelt seit einer Resolution der Generalversammlung der Vereinten Nationen im Jahr 1977 verboten. Zuvor hatten die Vereinigten Staaten während des Vietnamkrieges versucht, den Monsunregen künstlich zu verstärken, um so die Logistik und das Bewegungstempo der vietnamesischen Truppen zu beeinträchtigen.

Auch wenn Hagelkanonen nicht funktionieren, mithilfe eines **SUPERLASERS** lassen sich Blitze steuern. Dieser sendet bei heranziehendem Gewitter ungefähr 1000 Laserblitze pro Sekunde in die Höhe und bietet so Blitzen einen vorgefertigten Blitzkanal zur Entladung an. Dadurch lassen sich Blitze rund um Flughäfen und Bergspitzen etwas steuern.[10]

Beim Industrieschnee kann man das Prinzip der künstlichen Kondensationskerne übrigens sehr gut selbst beobachten. Er tritt zwar selten auf, aber wenn, dann erkennt man ihn an lokal begrenzten

Schneefällen, die in der Nähe von Industrieanlagen stattfinden - ich selbst hatte erst einmal das Vergnügen entlang einer Autobahn durch die Chemieregion Rheinland: Plötzlich schneite es für wenige Minuten, davor und danach war keine Schneeflocke zu sehen. Notwendig für die Bildung von Industrieschnee ist eine Wetterlage mit einer Inversionsschicht in Bodennähe, mit sehr kalter und feuchter Luft unterhalb der Inversion. Durch die Emissionen der Industrieanlagen gelangen Schmutzpartikel als zusätzliche Kondensationskerne in die Atmosphäre und sammeln sich, wie in der Abbildung zu sehen, gemeinsam mit Wasserdampf an der Inversion:

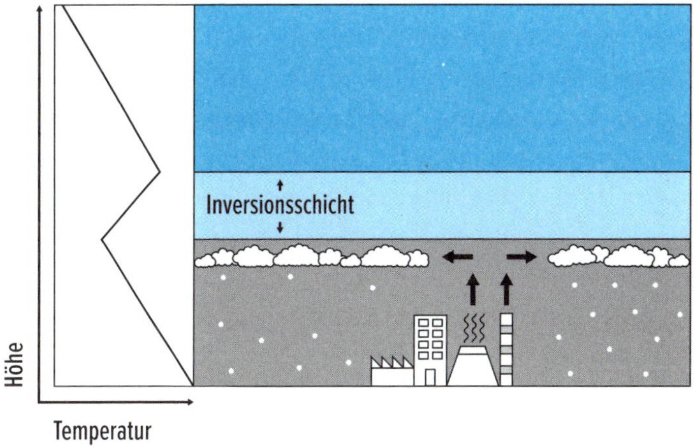

Die Temperaturen nehmen normalerweise in der Atmosphäre mit der Höhe ab. Es kann aber vorkommen, dass die Luft tatsächlich in höheren Schichten wärmer ist als darunter - diese Temperaturumkehr nennt man **INVERSION**, und sie kann dazu führen, dass es auf dem Berg 10 °C wärmer ist als im Tal. Die Temperaturzunahme mit der Höhe sorgt vor allem dafür, dass es innerhalb der Inversionsschicht sehr austauscharm bleibt und die

Stabilität der Schichtung somit noch begünstigt wird. Es dauert daher oft lange, bis eine Inversionswetterlage aufgelöst ist. Insbesondere in Industrieregionen ist Inversion ein wichtiger Begriff, denn sie begünstigt die Bildung von Smog: Durch die Inversion können sich die Luftschichten nicht mehr gut durchmischen, die Schadstoffe reichern sich in der bodennahen und daher oft bewohnten Inversionsschicht an. Eine Inversion kann durch verschiedene Faktoren verursacht werden, wie zum Beispiel durch starke Hochdruckgebiete, die die kalte Luft am Boden halten, oder durch bestimmte Topografien wie Tal- oder Beckenlagen, in denen sich kalte Luft ansammeln kann. Um eine Inversion aufzulösen, muss der Temperaturunterschied behoben werden: So kann zum Beispiel ein auffrischender Wind im Zuge eines sich nähernden Tiefdruckgebiets die bodennahe Kaltluftschicht davontragen, oder aufziehende Wolken verhindern das weitere Auskühlen des Bodens. Auch solare Strahlung kann zunächst den Erdboden und dann die unteren Luftschichten erwärmen, so dass sich die Inversion auflösen kann.

Die Arbeit mit Kondensationskernen ist so komplex, dass es fraglich ist, wo die Entwicklung in den nächsten Jahrzehnten hinführt. Dafür gibt es in einem anderen Bereich aktuell viel Bewegung: neue Technologien für das Klima der Zukunft.

CARBON CAPTURE AND STORAGE

Um das 1,5-°C-Ziel zu erreichen, so sagen es uns die unzähligen Sachstandsberichte des Weltklimarats, müssen wir, was unsere Treibhausgasemissionen angeht, bis 2050 auf eine Netto-Null kommen – und danach negative Emissionen verzeichnen. Negative Emissionen bedeutet salopp formuliert: mehr raus als rein. Oder anders gesagt:

Wir benötigen Kohlenstoffsenken, also Mittel und Wege, um CO_2 langfristig aus der Atmosphäre zu entfernen. Anfang 2021 hat Elon Musk auf Twitter auf der Suche nach der besten Technologie hierfür sogar ein Preisgeld von 100 Millionen Dollar ausgelobt. Die etwas zynische Antwort eines Users: ein Baum.

Natürlich stellen unsere Wälder eine absolut bemerkenswerte natürliche Kohlenstoffsenke dar. Bäume haben wir einige auf der Erde, und notfalls könnte man ja sicher neue pflanzen – braucht es also überhaupt komplizierte technologische Lösungen?

Ja, unbedingt, denn technische Kohlenstoffsenken sind ein wichtiger Bestandteil der Klimastrategie. Diese teilt der Weltklimarat grob in drei Bereiche auf: das Vermeiden von Treibhausgasemissionen; den Austausch von treibhausgasintensiven in weniger emissionslastige Prozesse; und die Nutzung von Senken, zum Beispiel durch Kohlenstoffmanagement. Die Priorität liegt dabei ganz klar auf Vermeiden und Ersetzen. Aber nicht alle industriellen Prozesse wie etwa die Herstellung von Zement können so zu 100 Prozent emissionsfrei werden. Und genau hier setzt Kohlenstoffmanagement an: als Ergänzung.

Bei diesen industriellen Prozessen kann entstehendes CO_2 abgetrennt und in unterirdischen Lagern eingespeichert werden. Hierzu gehören das Abscheiden, Transportieren und Speichern von CO_2, also Carbon Dioxide Capture and Storage (CCS). Auch Carbon Dioxide Removal (CDR), also das Entfernen von CO_2 aus der Atmosphäre, um es ebenfalls in geologischen Lagern zu speichern, zählt zum Kohlenstoffmanagement dazu.

Tatsächlich finde ich all diese Projekte aus theoretischer Sicht sehr spannend: Dass wir unsere Atmosphäre so beeinflussen können, ist faszinierend, und dass uns diese Technologien als letzter Baustein in 20 Jahren dabei helfen können, dem 1,5-°C-Ziel doch näher zu kommen, als ich es aktuell für möglich halte, gibt mir Hoffnung. Realistisch betrachtet ist aber eines klar: Keines der Projekte ist aktuell skalierbar auf Größenordnungen, die wir am besten schon gestern zur Verfügung gehabt hätten. Und natürlich sind auch diese Technologien nicht ohne Risiko: Ein CO_2-Lager kann lecken, und beim Transport von CO_2 könnte es ebenfalls zu Unfällen kommen, bei denen das CO_2 ungeplant freigesetzt würde. Aktuell ist der Einsatz von CCS in Deutschland rechtlich ohnehin nur zu Testzwecken möglich, gegen die CO_2-Endlager gibt es wie auch bei Atommüll Widerstand.

So sind Maßnahmen wie CCS und CDR ein kleiner Teil der Lösung und – ganz besonders wichtig – ein noch nicht vollumfänglich existierender Teil. Sicher werden sich auch einige dieser Technologien weiterentwickeln und rechtlich in Deutschland etablieren lassen, um zukünftig als Kohlenstoffsenken zur Klimastrategie beitragen zu können. Aber es bleibt weiter zwingend notwendig, dass wir schon heute unseren CO_2-Ausstoß reduzieren – und das geht mit Technologie und Innovation von morgen nicht.[11]

Und zum Schluss: Was das Wetter mit mir macht

Mein eigener Weg zum Handeln begann sicher mit der Promotion. Trotzdem galt hier lange: Bangladesch liegt weit weg. Auch wenn mich die Ungerechtigkeit, dass die Bangladeschis trotz ihres geringen Anteils am globalen CO_2-Ausstoß dennoch zu den MAPAs gehören – *most affected people and areas*, also zu den meistbetroffenen Personen und Gebieten –, mehr und mehr bewegt hat, war ich trotz aller wissenschaftlichen Erkenntnis vor allem erstmal eins: hilflos angesichts der Komplexität des Themas. Und weit weg war Bangladesch mit all seinen Problemen ehrlicherweise immer noch. Der Sommer 2018 brachte die x-te Hitzewelle in kurzer Zeit, und eine immer größer werdende Unruhe: Schlaflose Nächte hatte ich nicht nur dank Kind 3, das im Herbst 2018 das Licht der Welt erblickt hatte. »Du bist das Apfelbäumchen, das ich pflanz«, gern gehört bei Kind 1 und 2, trieb mir regelmäßig Tränen in die Augen. Würde es 2100 überhaupt noch Apfelbäume geben? Zu meinem großen Glück hat sich 2018 ebenfalls eine junge Frau Gedanken gemacht: Greta Thunberg saß vor dem schwedischen Parlament in Stockholm, anstatt in die Schule zu gehen, und ich war schneller in der Parents-for-Future-WhatsApp-Gruppe, als ich gucken konnte. Demonstrieren hat sich gut angefühlt. Endlich kommt Bewegung in die Sache!

Tatsächlich ist es als Wissenschaftlerin gar nicht so einfach, sich aktiv für mehr Klimaschutz einzusetzen – es gab sogar Stimmen aus den eigenen Reihen, die den Aktiveren von uns vorwarfen, dass es ein Neutralitätsgebot gebe und wir uns politisch neutral zu verhalten hätten. Für mich war das schwierig: Denn wenn sich aus meiner Forschung, und besonders aus der Forschung der Tausenden von Kolleginnen und Kollegen, ein so klares und eindeutiges Bild ergibt wie beim Thema Klimawandel, fällt es mehr als schwer, der Politik beim Nichtstun (oder Zu-wenig-Tun) neutral zuzuschauen.

Insbesondere zwei Dinge haben mich dazu bewogen, aktiv zu werden. Erstens: Privilegien. Fakt ist, Deutschland ist für 2 Prozent der globalen THG-Emissionen verantwortlich. Pah, aber China, schimpft es sich in Social-Media-Kommentarspalten. Dem entgegne ich ganz klar: nein. Deutschland stellt nur 1 Prozent der Weltbevölkerung, ist also überproportional verantwortlich für den Salat. Außerdem: für abwarten und Tee trinken ist es zu spät. Wir sehen die Auswirkungen des Klimawandels seit wenigen Jahren unbestritten auch in Deutschland, aber in vielen Regionen der Welt sind die Menschen um ein Vielfaches stärker betroffen – und meist haben sie deutlich weniger dazu beigetragen. Und mal aus Wettersicht gesprochen: Ländergrenzen interessieren die Atmosphäre herzlich wenig. Insofern ist die Privilegiertheit, die wir in Deutschland genießen, ein Hauptgrund für mich, dass gerade Deutschland Vorreiter in Sachen Klimaschutz werden sollte, anstatt sich bequem und behäbig im unteren Mittelfeld einzurichten. Der zweite Schlüsselmoment hat mit einem der letzten Sachstandsberichte zu tun.

Die Aussagen zum Klimawandel sind über die Jahre immer deutlicher, präziser und dringlicher geworden. Die Berichte sind also meist wenig überraschend und fast vorhersehbar. Aber eine Sache hat mich im dritten und letzten Teil des sechsten Sachstandsberichts doch ratlos zurückgelassen: Bereits existierende fossile Brennstoffanlagen sollen stillgelegt oder deutlich weniger genutzt werden, geplanten Anlagen gar nicht erst gebaut oder in Betrieb genommen werden. Sonst ist es unmöglich, das 1,5-°C-Ziel einzuhalten. So steht es klar und eindeutig – in der technischen Zusammenfassung.

Es gibt aber eine weitere Zusammenfassung – nämlich für politisch Verantwortliche. Diese soll in zugänglicher Sprache die kritischsten und wichtigsten Ergebnisse der Wissenschaft zusammenfassen. Jeder Satz in dieser Zusammenfassung wird von Regierungsvertretenden diskutiert und dann verabschiedet, Änderungswünsche werden noch einmal auf wissenschaftliche Korrektheit überprüft. So soll erreicht werden, dass die 195 beteiligten Regierungen die wissenschaftlichen Aussagen des Sachstandberichts anerkennen. Doch in dieser Version scheint die Abkehr von fossilen Brennstoffen erstmal nur eine von vielen Optionen, nur eine »major option« (Hauptoption) statt »required« (erforderlich).

Man kann nur mutmaßen, wieso die Formulierung im Vergleich zur technischen Zusammenfassung so abgeschwächt wurde. Wundern muss ich mich darüber aber schon: Wenn jemand auf einen Abgrund zurennt, flöte ich doch nicht freundlich »Wenn möglich, bitte wenden«, sondern brülle »Stopp, sofort abbiegen, und zwar subito pronto!«.

Grund für diese Warnungen gibt es zur Genüge: Der Bericht zeigt, wenig überraschend, dass die aktuellen Selbstverpflichtungen der Regierungen bei Weitem nicht reichen, um die globale Erwärmung auf 1,5 °C zu begrenzen. Genau auf dieses Ziel hat man sich ja aber bereits 2015 im Pariser Klimaabkommen verständigt. Wir steuern also volle Kraft voraus auf den Abgrund zu.

Doch es gibt auch gute Nachrichten. Denn auch wenn wir bereits 1,1 °C Erwärmung erreicht haben, ist es weiterhin möglich, die Erderwärmung langfristig auf 1,5 °C zu begrenzen. Dazu müssten die aktuellen Emissionen bis 2030 mindestens halbiert werden, wozu tiefgreifende Veränderungen in allen Sektoren nötig sind – und zwar schnell.

Unterteilen kann man die verschiedenen Einsparstrategien in Avoid-Shift-Improve, also: vermeiden, verlagern, verbessern. Mit die höchsten Einsparpotenziale, so der Sachstandsbericht, gibt es beispielsweise, wenn wir Flüge vermeiden, uns auf eine pflanzenbasierte Ernährung verlagern und die Art und Weise, wie wir energieeffizient bauen, verbessern.

Der Bericht widmet sich auch den Kosten- und Finanzierungsmöglichkeiten und trägt zusammen, welche politischen Maßnahmen, wie zum Beispiel CO_2-Bepreisung oder das Streichen von Subventionen für fossile Brennstoffe, Erfolge zeigen können. Jim Skea, Co-Vorsitzender des dritten Teilberichts, fasst sich in jedem Fall kurz. Für das 1,5-°C-Ziel gilt: »Jetzt oder nie.«

Bei der gebotenen Dringlichkeit ist es umso verwunderlicher, dass die Schlüsselrolle der fossilen Brennstoffe in der Zusammenfassung für politische Entscheidungstragende sprachlich nicht so deutlich wird. Schließlich richtet sich der Text genau an die Menschen, die wirksame politische Instrumente umsetzen könnten – aber eben auch müssen! Doch wenn sie die Dringlichkeit nicht begreifen, welche Folgen hat das dann? Wie viele Sachstandsberichte werden wohl noch geschrieben werden, bis endlich mal in einer Zusammenfassung steht: »Herzlichen Glückwunsch, liebe Weltgemeinschaft, der Klimawandel ist durch eure erfolgreichen Bemühungen besiegt!«[1]

Ich bin tatsächlich mittlerweile sehr dankbar dafür, den Schritt in mehr Aktion gegangen zu sein – denn eins ist klar: Das Thema Klimawandel ist keine leichte Kost. Hier kann das eigene Handeln helfen, selbstwirksam mit der Krise umzugehen – und wirklich jede und jeder von uns kann etwas bewegen. Sei es als Unternehmerin, sei es als Konsument – es gibt für alle ein Feld, in dem wir etwas verändern können, und sei es, dass wir andere, die vielleicht mehr Handlungsmöglichkeiten und Macht haben, zum Nachdenken bringen.

Mögliche Gefühle, die sich beim Lesen eingestellt haben: Überforderung. Genervtheit. Niedergeschlagenheit. Vielleicht auch ein Packen-wir-es-an-Optimismus.

Ich kenne alle diese Gefühle. Wenn ich in den Nachrichten, aber auch in wissenschaftlichen Vorträgen und Artikeln von sich stark erwärmenden Ozeanen, rapiden CO_2-Anstiegen und unzähligen Rekorde brechenden Extremereignissen höre, tut sich auch bei mir im Bauch ein schwarzes Loch auf. Was, um alles in der Welt, habe ich meinen Kindern angetan? Und wie kann es sein, dass wir besonders in Deutschland so sehr mit der Umsetzung von wirkungsvollem Klimaschutz hadern, wo wir es doch eigentlich in so vielen Punkten besser wissen?*

Gerade in solchen Momenten bemühe ich mich um Optimismus. Das ist nicht immer einfach und ich kann aus eigener Erfahrung sagen, dass es sich mehr als lohnt, einem Netzwerk beizutreten: Sei es auf der Arbeit oder im privaten Umfeld, hier geht es nicht nur um den Austausch von Informationen oder sogar die Umsetzung von effektiven Klimaschutzmaßnahmen, sondern ganz besonders auch darum, ein Gemeinschaftsgefühl zu gewinnen und Spaß zu haben. Denn hoffnungsvoll in die Zukunft blicken ist harte Arbeit – und mit ein wenig Freude am Leben schuftet es sich doch gleich viel leichter.

* I'm looking at you, Tempolimit.

Dank

Ein herzliches **DANKE** an

- das plötzlich aufziehende Tiefdruckgebiet, welches mir während eines ersten Schreibretreats auf einem Hausboot an der Ostsee dank heftiger Böen, starkem Wellengang und schlaflosen Nächten vor allen Dingen eins verdeutlicht hat: Wetter ist eben überall. Ruhe zum Schreiben nicht;
- meine Testleserinnen und -leser Christian, Carmen, Caro und Ralf, und an Mona, Sandra und Finja für das Feedback zu so vielen Elementen in diesem Buch;
- Tommy, Robert, Lutz und Florian für das intensive Brainstorming (*pun intended*) zum Titel. Und nein, mehr Ws haben wir nun wirklich nicht mehr unterkriegen können;
- Silke für ihr Wissen, und besonders an Erwin Zehe für sein Interview zur »Faszination Wurmloch«, das mir wieder einmal gezeigt hat, wie viel an dem Satz »Ich weiß, dass ich nichts weiß« dran ist;
- Mirja Siegel von seiten.verkehrt für die Hilfe zu hückelhovener Wetterfeen und überhaupt für ihre kontinuierliche Arbeit;
- Clemens: Professor, Doktorvater, Testleser Deluxe und noch viel mehr;
- David Klaus für Sonne, Wolken und die Kunst, mit einer Farbe einen ganzen Regenbogen zu illustrieren;
- das gesamte Team von dtv, insbesondere aber an dich, liebe Charly, dafür, dass du noch vor mir wusstest, wie sehr ich mich darüber

freuen werde, dieses Buch geschrieben zu haben (und frag mich jetzt nicht nach der Grammatik dieses Satzes);
- alle Meteorologinnen und Meteorologen, die über die Jahre hinweg durch ihre eigene Begeisterung für die Welt der Meteorologie auch meine Liebe zu diesem Fach lebendig gehalten haben;
- meine Familie, ganz besonders Daniel und die Kinder. *You are my sunshine!*

Faktenfindefüchse aufgepasst: Viele der hier auftauchenden Zusammenhänge und Begriffe habe ich selbst erst während der Recherche entdeckt – das hat mir wahnsinnig viel Spaß gemacht, und viele der entdeckten Inhalte schreien förmlich danach, in einer Lehrveranstaltung vertieft verarbeitet zu werden. Gleichzeitig wurde mir spätestens beim Lesen eines sehr langen Papers über den Begriff »Synkretismus« und die Gegenüberstellung der unterschiedlichen Ansichten zu seiner korrekten Bedeutung und Verwendung klar, dass ich Meteorologin und nicht Mythologin, Theologin, Linguistin etc. bin. Ich habe selbstverständlich nach bestem Wissen und Gewissen gearbeitet – sollte mir dennoch ein Fehler unterlaufen sein, freue ich mich wie eine Schneekönigin über konstruktive Hinweise an faktenfindefuchs@insa-thiele-eich.com. Vorab schon einmal danke!

Anhang

MEHR WISSEN!

Für alle, die weiteres wirklich wichtiges Wetterwissen wollen: Die Fachgesellschaft für Meteorologie DMG e. V. freut sich über Mitglieder und hat einen eigenen Fachausschuss für Amateurmeteorologie. Dieser bildet eine Schnittstelle zwischen Wissenschaft und interessierten Bürgerinnen und Bürgern auf dem Gebiet der Meteorologie, stellt eine Plattform für meteorologische Bildung und dient der Vernetzung sowie als Ansprechpartner für das Thema Bürgerwissenschaften *(Citizen Science)*. Die junge DMG ist bei Instagram unter @jungedmg präsent, und postet dort regelmäßig Einblicke in die Welt der Meteorologie. Auch die Wetter- und Klimawerkstatt des Deutschen Wetterdiensts ist bei Instagram aktiv und eine gute Anlaufstelle für Vorträge und aktuelle Nachrichten aus der Meteorologie.

Für Kinder wimmelt es am Markt vor lauter Wetterbüchern und -angeboten – aber zwei liegen mir ganz besonders am Herzen. Mein Lieblingskinderbuch mit hohem Nostalgiefaktor zum Thema Wasserkreislauf: *Das Hündchen und die Sonne*, wunderbar geschrieben von Iva Hercíková und illustriert von Zdeněk Miler, dem Zeichner des *Kleinen Maulwurfs*. Und wo kann man eindrücklicher die Welt des Wetters und Klimas erleben als im Klimahaus Bremerhaven bei einer Weltreise entlang des Längengrads 8° Ost? Ein Museum, bei dem die Stunden viel zu schnell verfliegen und man sehr eindrücklich gezeigt bekommt, wie Mensch und Klima zueinander im Verhältnis stehen (unbezahlte Werbung, aber mehr als von Herzen).

Vielleicht möchtest du sogar Meteorologie studieren? Oder kennst die perfekte Person für ein mathematisch-naturwissenschaftliches Studium mit direktem Anwendungsbezug? Aktuell kann man an zehn Universitäten in Deutschland Meteorologie studieren – wir bieten optimale Betreuungsverhältnisse und faszinierende Erkenntnisse über die Welt des Wetters!

Und wo kann ich mehr Informationen zum Klimawandel bekommen?

Mittlerweile gibt es unzählige Tools und Informationen im Netz. Von mir gern empfohlen (sehr kleiner Ausschnitt): *Der Klimaatlas* (https://www.dwd.de/DE/klimaumwelt/klimaatlas/

klimaatlas_node.html) ist ein Werkzeug, mit dem sich Daten des Deutschen Wetterdiensts für die eigene Region in der Vergangenheit, aber auch verschiedene Variablen für die Zukunft darstellen lassen. Auch die Sachstandsberichte des Weltklimarats sind alle online, (https://www.de-ipcc.de/250.php) hier lohnt sich ein Blick zumindest in die Zusammenfassungen. Der *Climate Action Tracker* (https://climateactiontracker.org/) stellt regelmäßig zusammen, welches Land gerade wo in Bezug auf Klimaschutz steht – und *Carbon Brief* (https://www.carbonbrief.org/) versendet auf Wunsch tägliche Briefings zu aktuellen Entwicklungen in der Welt des Klimas.

Wer den persönlicheren Zugang bevorzugt: Fachgesellschaften wie die Deutsche Meteorologische Gesellschaft bieten kostenlose Vorträge, auch an Volkshochschulen und in der eigenen Kommune kann man fündig werden. Spätestens bei der im Bereich des eigenen Wohnorts aktiven Regionalgruppe von Scientists for Future kann man sich nach Ringvorlesungen und Angeboten erkundigen.

In jedem Fall ist eines klar: An Informationen und Sachkenntnis zum Zustand der Klimakrise mangelt es uns nicht. Wieso es uns dennoch so schwer fällt, vom selbst verursachten Klimawandel ins Klimahandeln zu kommen – das ist eine Baustelle für sich, der sich Psychologists4Future wie Lea Dohm und viele mehr in spannenden Büchern und Vorträgen widmen.

Also: Wetter ist überall – und Wetter macht Spaß!

QUELLEN

Alle online abrufbaren Quellen wurden zuletzt geprüft am 21. August 2023.

ZUGRUNDELIEGENDE UND WEITERFÜHRENDE ALLGEMEINE LITERATUR

Hanslmeier, A., 2020: *Einführung in Astronomie und Astrophysik*. Springer Spektrum.

Häckel, H., 2021: *Meteorologie*. utb.

Kraus, H., 2001: *Die Atmosphäre der Erde: eine Einführung in die Meteorologie*. Springer.

Nelles, D. und C. Serrer, 2018: *Kleine Gase – Grosse Wirkung. Der Klimawandel*. Friedrichshafen.

Tipler, P. und G. Mosca, 2015: *Physik: für Wissenschaftler und Ingenieure*. Springer Spektrum.

von Hirschhausen, E., 2021: *Mensch, Erde! Wir könnten es so schön haben*. dtv.

Wetter- und Klimalexikon. Deutscher Wetterdienst. Abrufbar unter: www.dwd.de/lexikon.

Bildungsserver Wiki Klimawandel. Abrufbar unter: https://wiki.bildungsserver.de/klimawandel/ .

UND NUN: DAS WETTER

1 Deutsches Zentrum für Luft- und Raumfahrt: *Wird der Mond eines Tages auf die Erde stürzen?* Abrufbar unter: https://www.dlr.de/next/desktopdefault.aspx/tabid-6542/10749_read-24252/.

2 Moore, P., 2016: *Das Wetter-Experiment: Von Himmelsbeobachtern und den Pionieren der Meteorologie*. mareverlag.

3 Lin, J. and T. Qian, 2019: Switch Between El Nino and La Nina is Caused by Subsurface Ocean Waves Likely Driven by Lunar Tidal Forcing. *Scientific Reports*, **9**, 13106.

4 Keeling, C. and T. Whorf, 1997: Possible forcing of global temperature by the oceanic tides. *PNAS*, **16**, 8321–8328, DOI:10.1073/pnas.94.16.832.

5 Ray, R., 2007: Decadal Climate Variability: Is There a Tidal Connection?. *J. Climate*, **20**, 3542–3560, DOI:10.1175/JCLI4193.1.

6 Deutsches Zentrum für Luft- und Raumfahrt: *Wieso hat die Woche eigentlich sieben Tage?* Abrufbar unter: https://www.dlr.de/next/desktopdefault.aspx/tabid-6537/10746_read-24232/.

7 © Meteoblue, mit Dank für die zur Verfügung gestellten Daten für die Klimadiagramme.

8 Grosvenor, D., 2018: How Many Water Droplets Are in a Cloud? *Eos*. Abrufbar unter: https://eos.org/editors-vox/how-many-water-droplets-are-in-a-cloud.

9 Gryspeerdt, E. et al., 2022: The impact of sampling strategy on the cloud droplet number concentration estimated from satellite data. *Atmospheric Measurement Techniques*, **15** (12), DOI:10.5194/amt-15-3875-2022 and https://www.cloudsand-climate.com/blog/how_many_cloud_droplets/#stars.

10 Zehe, E., T. Blume and G. Blöschl, 2010: The principle of ›maximum energy dissipation‹: a novel thermodynamic perspective on rapid water flow in connected soil structures. *Phil Trans R Soc B*, **365**, 1377–1386, DOI:10.1098/rstb.2009.0308.

11 Final Report DFG Research Unit From catchments as organised systems to models based on dynamic functional units–CAOS(FOR 1598/2), Project A, 2021: *Feedbacks between soils, biota, land management and hydrological processes at different spatiotemporal scales.*

12 Phillips et al, 2019: Global distribution of earthworm diversity. *Science*, **366** (6464), 480–485, DOI:10.1126/science.aax4851.

WANN HAT ES EIGENTLICH ZUM ERSTEN MAL GEREGNET?

1 Tobin, J. et al., 2023: Deuterium-enriched water ties planet-forming disks to comets and protostars. *Nature*, **615**, 227–230, DOI:10.1038/s41586-022-05676-z.

2 Seeley, J. and R. Wordsworth, 2021: Episodic deluges in simulated hothouse climates. *Nature*, **599**, 74–79, DOI:10.1038/s41586-021-03919-z.

3 Lu, J. et al., 2021: Volcanically driven lacustrine ecosystem changes during the Carnian Pluvial episode (late triassic). *PNAS*, **118** (40), DOI:10.1073/pnas.2109895118.

4 PBS Eons: *That Time It Rained for Two Million Years.* Abrufbar unter: https://www.youtube.com/ watch?v=_1LdMWlNYS4.

5 DalCorso, J. et al., 2020: Extinction and dawn of the modern world in the Carnian (Late Triassic). *Sci Adv*, **6**, eaba0099, DOI:10.1126/sciadv.aba0099.

6 Kielon, K., 2021: Waren Vulkanausbrüche der Turbo für die Dinosaurier-Evolution? *MDR Wissen*. 11.10.2021. Abrufbar unter: https://www.mdr.de/wissen/carnian-pluvial-episode-vulkane-turboantrieb-evolution-dinosaurier-100.html.

7 Cowie, R., P. Bouchet and B. Fontaine, 2022: The Sixth Mass Extinction: fact, fiction or speculation?. *Biol Rev*, **97**, 640–663, DOI:10.1111/brv.12816.

DAS UNFASSBARE WETTER

1 Aono, Y. and S. Saito, 2010: Clarifying springtime temperature reconstructions of the medieval period by gap-filling the cherry blossom phenological data series at Kyoto, Japan. *Int J Biometeorol* **54** (2), 211-219, DOI:10.1007/s00484-009-0272-x.

2 Fiebrich, C., 2009: History of surface weather observations in the United States, *Earth-Science Reviews*, **93** (3–4), 77–84, DOI:10.1016/j.earscirev.2009.01.001.

3 Mächel H., A. Kapala, J. Behrendt und C. Simmer, 2009: *Rettung historischer Klimadaten in Deutschland: das Projekt KLIDADIGI des DWD*. Klimastatusbericht 2008. Deutscher Wetterdienst, Offenbach/Main.

4 Stellungnahme der Allianz der Wissenschaftsorganisationen, 2022: *Solidarität mit Partnern in Ukraine – Konsequenzen für die Wissenschaft*. 25.2.2022, abrufbar unter: https://www.dfg.de/download/pdf/dfg_im_profil/allianz/220225_statement_allianz_ukraine.pdf.

5 *Startseite des ICARUS Projekts*, Abrufbar unter: https://www.icarus.mpg.de/de.

6 Moore, P., 2016: *Das Wetter-Experiment: Von Himmelsbeobachtern und den Pionieren der Meteorologie*. mareverlag.

7 Cruz Gallego, M., F. Domínguez-Castro, J. Vaquero and R. García-Herrera: The Hidden Role of Women in Monitoring Nineteenth-Century African Weather: Instrumental Observations in Equatorial Guinea. *BAMS*, **3** (92), 315–324, DOI:10.1175/2010BAMS2807.1.

8 Rövekamp, M., 2021: *Vom Fallschirm bis zum Scheibenwischer – Mit welchen Erfindungen Frauen das Leben verbessert haben*. Tagesspiegel, 8.3.2021. Abrufbar unter: https://www.tagesspiegel.de/wirtschaft/mit-welchen-erfindungen-frauen-das-leben-verbessert-haben-4235911.html

9 Mölleken, A., 2018: *Hedy Lamarr – Leinwandgöttin und Erfinderin. Deutsche Welle*, 16.8.2018. Abrufbar unter: https://www.dw.com/de/hedy-lamarr-leinwandgöttin-und-erfinderin/a-45079135

WETTEN, DASS DAS WETTER WIRD?

1 *Moderne Verfahren und Instrumente der Wettervorhersage im Deutschen Wetterdienst*. Promet: Meteorologische Fortbildung, Heft 1/3 Jahrgang 2009, Deutscher Wetterdienst. Abrufbar unter: nbn-resolving.de/urn:nbn:de:101:1-2017012510513.

2 Smagorjnsky, J., 1983: The Beginnings of Numerical Weather Prediction and General Circulation Modeling: Early Recollections. *Advances in Geophysics*, **25**, 3–37, DOI:10.1016/S0065-2687(08)60170-3.

3 White, C. et al., 2017: Potential applications of subseasonal-to-seasonal (S2S) predictions. *Met Apps*, **24**, 315–325, DOI:10.1002/met.1654.

4 Mit Dank an Dr. Lars Nerger.

5 Prieto, G. et al., 2019: A mass sacrifice of children and camelids at the Huanchaquito-Las Llamas site, Moche Valley, Peru. *PLOS ONE*, **14** (3), e0211691, DOI:10.1371/journal.pone.0211691.

6 Toothman, J., k.A.: *Is there really a ›calm before the storm‹?*. Howstuffworks. Abrufbar unter: https://science.howstuffworks.com/nature/climate-weather/storms/tornado.htm.

7 Müller, J., 2011: 100 *Bauernregeln, die wirklich stimmen*. BLV.

8 Schlegel, K., 1999: *Vom Regenbogen zum Polarlicht. Leuchterscheinungen in der Atmosphäre*. Spektrum Akademischer Verlag.

9 *ICARUS Erdbeobachtung mit Tieren*. www.icarus.mpg.de/de.

10 Heupel, M. C. Simpfendorfer and R. Hueter, 2003: Running before the storm: blacktip sharks respond to falling barometric pressure associated with Tropical Storm Gabrielle. *Journal of Fish Biology*, **5** (63), 1357–1363, DOI:10.1046/j.1095-8649.2003.00250.x.

11 Bertelmann, M., 2018: *Tierische Wetterpropheten*. Thema des Tages, Deutscher Wetterdienst, 11.3.2018. Abrufbar unter: https://www.dwd.de/DE/wetter/thema_des_tages/2018/3/11.html.

GESUNDES WETTER?!

1 Rapp, J. (Hauptschriftleiter), 2007: *Biometeorologie des Menschen*. Promet: Meteorologische Fortbildung, Heft 3/4, Jahrgang 2007, Deutscher Wetterdienst.

2 N.A., 2019: *Antworten des Robert Koch-Instituts auf häufig gestellte Fragen zu Vitamin D*. Robert Koch-Institut, Stand 25.1.2019. Abrufbar unter: https://www.rki.de/SharedDocs/FAQ/Vitamin_D/Vitamin_D_FAQ-Liste.html.

3 Aschoff, J., B. Günther, and K. Kramer, 1971: *Energiehaushalt und Temperaturregulation*, vol. 2 of Physiologie des Menschen. Urban & Schwarzenberg, München.

4 Statistisches Bundesamt, 2023: *Sonderauswertung zu den Sterbefällen 2016 bis 2023*. Statistisches Bundesamt (Destatis). Abrufbar unter: https://www.destatis.de/DE/Themen/Gesellschaft-Umwelt/Bevoelkerung/Sterbefaelle-Lebenserwartung/Tabellen/sonderauswertung-sterbefaelle-pdf.pdf?__blob=publicationFile.

5 Hansen M., R. Jones and K. Tocchini, 2017: Shinrin-Yoku (Forest Bathing) and Nature Therapy: A State-of-the-Art Review.

IJERPH, **14** (8), 851, DOI:10.3390/ijerph14080851.

6 Tarín-Carrasco P., U. Im, C. Geels, L. Palacios-Peña, P. Jiménez-Guerrero, 2021: Contribution of fine particulate matter to present and future premature mortality over Europe: A non-linear response. *Environ Int*, **153**, 106517, DOI:10.1016/j.envint.2021.106517.

7 Hippocrates: *On Airs, Waters, und Places*. Online verfügbar unter: http://classics.mit.edu/Hippocrates/ airwatpl.1.1.html.

8 Schlegel, I., S. Muthers, and A. Matzarakis, 2021: *Einfluss des Klimawandels auf die Biotropie des Wetters und die Gesundheit bzw. die Leistungsfähigkeit der Bevölkerung in Deutschland*. In Umwelt & Gesundheit, Umweltbundesamt. Abrufbar unter https://www.umweltbundesamt.de/publikationen/einfluss-des-klimawandels-auf-die-morbiditaet.

9 von Mackensen, S. et al., 2005: Prevalence of weather sensitivity in Germany and Canada. *Int J Biomet*, **49** (3), 156–166, DOI:10.1007/s00484-004-0226-2.

10 Aikman, H., 1997: The association between arthritis and the weather. *Int J Biomet*, **40**, 192–199, DOI:10.1007/s004840050041.

11 Akutagawa O., H. Nishi, and K. Isaka, 2007: Spontaneous delivery is related to barometric pressure. *Arch Gynecol Obstet*, **275** (4), 249–54, DOI:10.1007/s00404-006-0259-3.

12 Ammann, T., M. Hässig, S. Rüegg, and U. Bleul, 2016: Effects of meteorological factors and the lunar cycle on onset of parturition in cows. *Preventive Veterinary Medicine*, **126**, 11–18, DOI:10.1016/j.prevetmed.2016.01.018.

13 Zhu C., K. Maharajan, K. Liu, Y. Zhang, 2021: Role of atmospheric particulate matter exposure in COVID-19 and other health risks in human: A review. *Environ Res*, **198**, 111281, DOI:10.1016/j.envres.2021.111281.

14 Lee S., E. Batyra, A. Castro and J. Wilde, 2023: Human fertility after a disaster: a systematic literature review. *Proc R Soc B*, **290**, 20230211, DOI:10.1098/rspb.2023.0211.

15 Statistisches Bundesamt, 2023: *Geburtenziffer 2022 auf 1,46 Kinder je Frau gesunken*, Pressemitteilung Nr. 290 vom 21. Juli 2023.

16 Hardeland, R., 1997: New actions of melatonin and their relevance to biometeorology. *Int J Biomet*, **41**, 47–57, DOI:10.1007/s004840050053.

17 Bates, M., 2014: *Why Do Birds Sing in the Morning?* Science Wired, 17.3.2014. Abrufbar unter: https://www.wired.com/2014/03/birds-sing-morning/.

18 Roenneberg, T., 2012. What is chronotype?. *Sleep and Biological Rhythms*, **10**, 75–76.

WER DEN TELLER LEER ISST …

1 Umweltbundesamt, 2023: *Treibhausgasemissionen in Deutschland.*, 11.04.2023. Abrufbar unter: https://www.umweltbundesamt.de/daten/klima/treibhausgas-emissionen-in-deutschland.

2 FAO, IFAD, UNICEF, WFP and WHO, 2022: *The State of Food Security and Nutrition in the World 2022. Repurposing food and agricultural policies to make healthy diets more affordable*. Rome, FAO, DOI:10.4060/cc0639en.

3 Climate Matters, 2023: *El Niño und La*

Niña: Local and global effects. Climate Central, 8.2.2023, abrufbar unter: https://www.climatecentral.org/climate-matters/local-and-global-effects-of-el-nino-and-la-nina-2023.

4 Grove, Richard H., 1998: Global impact of the 1789–93 El Niño. *Nature*, **1** (1), 318–319.

5 *Eier kochen – Tutorial mit Video*: https://www.foodboom.de/kuechenwissen/tutorial-eier-kochen.

6 Food Safety and Inspection Service: *High Altidude Cooking*. Abrufbar unter: https://www.fsis.usda.gov/food-safety/safe-food-handling-and-preparation/food-safety-basics/high-altitude-cooking#9.

7 Saleem, Q., R. Wildman, J. Huntley, and M. Whitworth, 2003: A novel application of speckle interferometry for the measurement of strain distributions in semi-sweet biscuits. *Meas Sci Technol*, **14** (2027), DOI:10.1088/0957-0233/14/12/001.

8 Parks, S., 2019: Hot-Weather Baking Tips: *How Temperature Impacts Pie Dough and More*. Serious Eats. Abrufbar unter: https://www.seriouseats.com/how-to-avoid-soft-and-sticky-dough-butter-temperature.

9 Brooker, B., M. Anderson, and A. Andrews, 1986: The Development of Structure in Whipped Cream. *Food Structure*, **5** (2), Article 12.

10 N.A., k.A.: *With Whipped Cream Temperature Matters*. Cooks Illustrated. Abrufbar unter: https://www.americastestkitchen.com/cooksillustrated/how_tos/9401-with-whipped-cream-temperature-matters.

11 Science Buddies, 2013: *Scrumptious Science. Shaking Up Butter.* Scientific American, 20.06.2013. Abrufbar unter: https://www.scientificamerican.com/article/bring-science-home-shaking-butter/.

GIBT ES SCHLECHTES WETTER?

1 Albrecht, G., 2005: Solastalgia: A new concept in human health and identity. *Philosophy, Activism, Nature*, **41** (3), 44–59.

2 Cunsolo, A. and N. Ellis, 2018: Ecological grief as a mental health response to climate change-related loss. *Nature Climate Change*, **8**, 275–281.

3 Weyrich, P., A. Scolobig, D. Bresch, and A. Patt, 2018: Effects of Impact-Based Warnings and Behavioral Recommendations for Extreme Weather Events. *Wea Climate Soc*, **10**, 781–796, DOI:10.1175/WCAS-D-18-0038.1.

4 Abbildung nach Bundesamt für Bevölkerungsschutz und Katastrophenhilfe, 2019.

5 Bullington, J., B. Tobin, B, M. Mencarini, C. Kenning, 2021: *Inside frantic hours before candle factory was destroyed by tornado: ›It should have shut down‹*. Louisville Courier Journal, 15.12.2021. Abrufbar unter: https://eu.courier-journal.com/in-depth/news/2021/12/15/why-didnt-mayfield-candle-factory-close-ahead-tornado/6502207001/.

6 Trujillo-Falcón, J., O. Bermúdez, K. Negrón-Hernández, J. Lipski, E. Leitman, and K. Berry, 2021: Hazardous Weather Communication En Español: Challenges, Current Resources, and Future Practices. BAMS, **102**, E765–E773, DOI:10.1175/BAMS-D-20-0249.1.

7 Wagner, J., und A. Köppert, 2022: Chancengleichheits-Monitoring 2022 der Deutschen Forschungsgemeinschaft DFG, ab-

rufbar unter https://zenodo.org/record/7614657#.Y5cONY2g-Uk%23.Y5cONY2g-Uk. Siehe auch https://www.dfg.de/download/pdf/foerderung/grundlagen_dfg_foerderung/chancengleichheit/destatis_stabu_personal_hochschulen_auszug_126_132.pdf .

8 Brann, M., and K. Himes, 2010: Perceived credibility of male versus female television newscasters. *Commun Res Rep*, **3** (27), 243–252, DOI:10.1080/08824091003737869.

9 Jung, K., S. Shavitt, M. Viswanathan and J. Hilbe, 2014: Female hurricanes are deadlier than male hurricanes. *Psychological and Cognitive Sciences*, **24**, 111, DOI:10.1073/pnas.1402786111.

DONNERWETTER – WENN'S MAL RICHTIG KRACHT

1 Hinkelbein, J., O. Spelten, W. Wetsch, 2013: Lightning strikes and lightning injuries in prehospital emergency medicine. Relevance, results, and practical implications. *Unfallchirurg*, **116** (1), 74–79, DOI:10.1007/s00113-011-2084-9.

2 Plester, J., 2023: *Did a lightning strike change the course of Mary Anning's life?*. The Guardian, 26.01.2023. Abrufbar unter: https://www.theguardian.com/ world/2023/jan/26/did-lightning- strike-change-course-of-mary- anning-life.

3 Cicoria T., and J. Cicoria, 2014: Getting comfortable with near-death experiences. My near-death experience: a telephone call from God. *Mo Med*, **111** (4), 304–307.

4 Met Office: *10 striking facts about lightning*. Abrufbar unter: https://www.metoffice.gov.uk/ weather/learn-about/weather/types-of-weather/thunder-and- lightning/facts-about-lightning.

5 Grafik basierend auf Wissensplattform eskp.de, *Enstehung von Gewittern*, Lizenz: CC BY 4.0.

6 Emmerson, K., et al., 2021: Atmospheric modelling of grass pollen rupturing mechanisms for thunderstorm asthma prediction. *PLOS ONE*, **16** (4), e0249488, DOI:10.1371/journal.pone.0249488.

7 Friedrich, A., 2022: *Wie ein Gewitter entsteht und wie man sich schützt!*. Deutscher Wetterdienst, 9. Auflage. Abrufbar unter https://www.dwd.de/SharedDocs/broschueren/DE/presse/gewitter_pdf.pdf?__blob=publicationFile&v=11.

8 Spolders, C., 2012: *Wie sich die Blitze in Deutschland verteilen. Richtung Süden nehmen die Gewitter zu*. Rheinische Post, 03.07.2012. Abrufbar unter: https://rp-online.de/panorama/wissen/klima/richtung-sueden-nehmen-die-gewitter-zu_aid-14216613.

9 Burgesser, R., M. Nicora, and E. Avila, 2012: Characterization of the lightning activity of »Relampago del Catatumbo«. *Journal of Atmospheric and Solar-Terrestrial Physics*, **77**, 241–247, DOI:10.1016/j.jastp.2012.01.013.

10 Munoz, A., J. Diaz-Lobaton, X. Chourio and M. Stock, 2016: Seasonal prediction of lightning activity in North Western Venezuela: Large-scale versus local drivers. *Atmospheric Research*, **172**, 147–162, DOI:10.1016/j.atmosres.2015.12.018.

11 Livingston, I., 2022: *More women are becoming storm chasers, defying convention and breaking barriers*. The Washington Post, 25.03.2022. Abrufbar unter: https://www.

washingtonpost. com/weather/2022/03/25/women- storm-chasers-scientists/.

12 Newell, W., 1904: The Ignis Fatuus, Its Character and Legendary Origin. *The Journal of American Folklore*, **17** (64), 39–60, DOI:10.2307/533988.

13 Fujiwara, K., T. Kanchi, S. Tsumura, and T. Kumamaru, 1989: Phosphine-ozone gas-phase chemiluminescence for determination of phosphate. *Anal Chem*, **61** (24), 2699–2703, DOI:10.1021/ac00199a004.

MYTHOS WETTER

1 Eintrag zu »Weather god« auf Wikiwand. Abrufbar unter: https://www.wikiwand.com/en/Weather_god.

2 Fischer, A. und W. Tümpel, 1911: *Das deutsche evangelische Kirchenlied des siebzehnten Jahrhunderts*, Band 5, Gütersloh, S. 225.

3 Ember, C., I. Skoggard, B. Felzer, E. Pitek, and M. Jiang, 2021: Climate Variability, Drought, and the Belief that High Gods Are Associated with Weather in Non-industrial Societies. *Wea Climate Soc*, **13**, 259–272, DOI:10.1175/WCAS-D-20-0080.1.

4 Englischsprachiger Eintrag zu »Coxcox« bei Wikipedia. The Free Encyclopedia. Abrufbar unter: https://en.wikipedia.org/wiki/Coxcox.

5 Schlegel, K., 1999: *Vom Regenbogen zum Polarlicht. Leuchterscheinungen in der Atmosphäre*. Spektrum Akademischer Verlag.

6 Eintrag zu »Wiphala« bei Nachrichtenpool Lateinamerika, Stimmen aus Lateinamerika. Abrufbar unter: http://www.npla.de/lexikon/wiphala/.

7 Gonzalez, N., k.A.: *How Did the Rainbow Flag Become a Symbol of LGBTQ Pride?* In: Encyclopedia Britannica. Abrufbar unter, https://www.britannica.com/story/how-did-the-rainbow-flag-become-a-symbol-of-lgbt-pride.

8 Quito, A., 2015: *»We needed something beautiful.« The fabulous story behind the rainbow flag*. Quartz, 30.6.2015. Abrufbar unter: https://qz.com/440928/we-needed-something-beautiful-the-fabulous-story-behind-the-rainbow-flag.

9 Andrei S., M. Andrei, M. Huştiu, S. Cheval and B. Antonescu, 2020: Tornadoes in Romania – from Forecasting and Warning to Understanding Public's Response and Expectations. *Atmosphere*, **11** (9), 966, DOI:10.3390/atmos11090966.

10 Geelhart, C., k.A.: *The Tri-State Tornado of 1925*. In: National Weather Service Heritage. Abrufbar unter: https://vlab.noaa.gov/web/nws-heritage/-/the-tri-state-tornado-of-1925.

11 Moore, P., 2016: *Das Wetter-Experiment: Von Himmelsbeobachtern und den Pionieren der Meteorologie*. S. 437, mareverlag.

12 Levack, B., 2015: *A Norwegian Witchcraft Trial at Vardø, 1655*. In: The Witchcraft Sourcebook. 2nd Edition, Routledge.

13 Opitz-Belakhal, C., 2023: *Hexenverfolgung. Ein historischer Femizid?*. Bundeszentrale für politische Bildung, 31.03.2023. Abrufbar unter: https://www.bpb.de/shop/zeitschriften/apuz/femizid-2023/519675/hexenverfolgung/.

14 Owens, M. et al., 2017: The Maunder minimum and the Little Ice Age: an update from recent reconstructions and climate simulations. *J Space Weather Space Clim*, **7**, A33, DOI:10.1051/swsc/2017034.

1 Spänkuch, D., O. Hellmuth, and U. Görsdorf, 2022: What Is a Cloud? Toward a More Precise Definition. *BAMS*, **8**,(103), E1894-E1929, DOI:10.1175/BAMS-D-21-0032.1.

2 Parlamentsdokumente (EDAS), Sächsischer Landtag. Kl. Anfr. S. Wippel AfD 11.05.2023 zu Chemtrails, Drs 7/13399.

3 *International Cloud Atlas (World Meteorological Organization)*: Manual on the Observation of Clouds and Other Meteors (WMO-No. 407). Abrufbar unter: https://cloudatlas.wmo.int/.

4 Howard, L., 1803: *On the Modifications of Clouds*. Hrsg. Von G. Hellmann in Neudrucke von Schriften und Karten über Meteorologie und Erdmagnetismus. 1894, Asher & Co, Berlin.

5 Peacock, T., 2021: *The Paradoxes of Power: Photographic records and postwar nuclear testing*. Summer Scholar's Blog Series der Eccles Centre for American Studies, The British Library, 23 July 2021. Abrufbar unter: https://blogs.bl.uk/americas/2021/07/the-paradoxes-of-power-photographic-records-and-postwar-nuclear-testing.html.

6 Cappucci, M. and P. Kennicott, 2021: *Examining the elements of breathtaking art. Weather patterns can help us understand what's going on in these classic images*. The Washington Post, 16.07.2021.

7 Santhakumar, S., 2022: *Everything you need to know about pink noise, white noise, and sonic hues*. Medical News Today, 11.04.2022. Abrufbar unter: https://www.medicalnewstoday.com/articles/ pink-noise-vs-white-noise.

8 Yoon, H. and H. Baek, 2022: External Auditory Stimulation as a Non-Pharmacological Sleep Aid. *Sensors*, **22**, 1264, DOI:10.3390/s22031264/.

9 Science Daily, 2016: *The science behind snow's serenity*, 21.01.2016. University of Kentucky. Abrufbar unter: https://www.sciencedaily.com/releases/2016/01/160121150503.htm.

10 Cleveland, C. and A. Dukakis, 2020: *Yes, It Really Is Quieter When It Snows. Here's The Science Behind The Calm After The Storm*. CPR News, 04.02.2020. Abrufbar unter: https://www.cpr.org/2020/02/04/yes-it-really-is-quieter-when-it-snows-heres-the-science-behind-the-calm-after-the-storm/.

11 Martin, L., 1986: »Eskimo Words for Snow«: A Case Study in the Genesis and Decay of an Anthropological Example. *American Anthropologist: New Series*, **88** (2), 418–423.

12 Pullum, G., 1991: *The Great Eskimo: Vocabulary Hoax and Other Irreverent. Essays on the Study of Language*. The University of Chicago Press.

WETTER, WÖRTER, MELODIEN

1 Eintrag »Wetter« in: Deutsches Wörterbuch von Jacob Grimm und Wilhelm Grimm. Abrufbar unter: https://www.dwds.de/wb/dwb/wetter#GW18537.

2 Vergleiche Einträge in Deutsches Wörterbuch, abrufbar unter: https://www.dwds.de/wb/dwb/wetter#GW18537.

3 *Intonation.* In: Systematische Grammatik, Grammatisches Informationssystem grammis, Leibniz-Institut für Deutsche Sprache. Abrufbar unter: https://grammis.ids-mannheim.de/systematische-grammatik/2336.

4 Everett, C., D. Blasi, and S. Roberts, 2015: Climate, vocal folds, and tonal languages: Connecting the physiological and geographic dots. *PNAS*, **112** (5), 1322–1327, DOI:10.1073/pnas.1417413112.

5 Nölle, J., et al., 2020: Language as shaped by the environment: linguistic construal in a collaborative spatial task. *Palgrave Commun*, **6** (27), DOI:10.1057/s41599-020-0404-9.

6 Charalampopoulos I. and A. Matzarakis, 2022: Thoughts about the Thermal Environment and the Development of Human Civilisation. *Atmosphere*, **13** (11), 1925, DOI:10.3390/atmos13111925.

7 Taylor, D., P. Berry, and C. Block, 1958: Does Group Participation When Using Brainstorming Facilitate or Inhibit Creative Thinking? *Administrative Science Quarterly*, **3** (1), 23–47, DOI:10.2307/2390603.

8 Müller-Navarra, S., 2023: *Klimakomposita.* In: DMG Mitteilungen 2023(1), Deutsche Meteorologische Gesellschaft.

9 Brown, S. et al., 2015: Is there a Rhythm Of The Rain? An analysis of weather in popular music. *Weather*, **7** (70), 198–204, DOI:10.1002/wea.2464.

10 Aplin, K. and P. Williams, 2011: Meteorological phenomena in Western classical orchestral music. *Weather*, **11** (66), 300–306, DOI:10.1002/wea.765.

11 St. George, S., D. Crawford, T. Reubold and E. Giorgi, 2017: Making Climate Data Sing: Using Music-like Sonifications to Convey a Key Climate Record. *BAMS*, **1** (98), 23–27, DOI:10.1175/BAMS-D-15-00223.1.

12 Reubold, T.: A *Song of Our Warming Planet*, abrufbar unter: https://ensia.com/videos/a-song-of-our-warming-planet/.

WETTER DER ZUKUNFT

1 Gleisner, H., M. Ringer, and S.Healy, 2022: Monitoring global climate change using GNSS radio occultation. *npj Clim Atmos Sci*, **5** (6), DOI:10.1038/s41612-022-00229-7.

2 Faktenpapier 2021 zum Klimawandel in Deutschland: Was wir heute übers Klima wissen. Stand: Juni 2021, abrufbar unter: https://www.deutsches-klima-konsortium.de/basisfakten.

3 Bindoff, N. et al., 2013: *Detection and Attribution of Climate Change: from Global to Regional.* In: Climate Change 2013: The Physical Science Basis. Contribution of Working Group I to the Fifth Assessment Report of the Intergovernmental Panel on

Climate Change [Stocker, T.F., D. Qin, G.-K. Plattner, M. Tignor, S.K. Allen, J. Boschung, A. Nauels, Y. Xia, V. Bex and P.M. Midgley (eds.)]. Cambridge University Press, Cambridge, United Kingdom and New York, NY, USA.

4 Christofilakis, V. et al., 2020: Earth-to-Earth Microwave Rain Attenuation Measurements: A Survey On the Recent Literature. *Symmetry,* **12,** 1440, DOI:10.3390/sym12091440.

5 Chen, Y., K. Hayawi, J. He, H. Song and J. Wang, 2023: Impact and Challenges of Intelligent IoT in Meteorological Science. *IEEE Internet of Things Magazine,* **6** (2), 58–63, DOI:10.1109/IOTM.001.2300055.

6 Chantry, M., et al. 2023: *The rise of machine learning in weather forecasting.* ECMWF Science Blog, 20. Juni 2023. Abrufbar unter: https://www.ecmwf.int/en/about/media-centre/science-blog/2023/rise-machine-learning-weather-forecasting .

7 von Eichendorff, J., 1864: *Sämmtliche Werke,* Band 1, Leipzig, S. 616.

8 Wierga, J. and I. Hollemann, 2006: If cannons cannot fight hail, what else?. *Meteorol Z,* **3** (15), 659–669, DOI:10.1127/0941-2948/2006/0147.

9 Friedrich, K. et al., 2020: Quantifying snowfall from orographic cloud seeding. *PNAS,* **117** (10), 5190–5195, DOI:10.1073/pnas.1917204117.

10 Galileo, 2019: *Kann dieser Laser wirklich Blitze abfangen?,* 16.12.2019. Abrufbar unter: https://www.galileo. tv/video/kann-dieser-laser-wirklich-blitze-abfangen/.

11 Auszug aus: Thiele-Eich, I., 2023: *Technologien von morgen helfen uns heute nichts.* RND. Abrufbar unter: https://www.rnd.de/wissen/klimawandel-technologien-von-morgen-helfen-uns-heute-nichts-R3UKBEDJIFHDZBNC3A7V4IEOWM.html.

WAS DAS WETTER MIT MIR MACHT

1 Auszug aus: Thiele-Eich, I., 2022: *Bericht des Weltklimarats: Wenn Politiker andere Botschaften lesen, ist das ein Problem.* RND. Abrufbar unter: https://www.rnd.de/wissen/bericht-des-weltklimarats-wenn-politiker-andere-botschaften-lesen-ist-das-ein-problem-U7KUQZBU3BDBBDWILJTX47DZZI.html.

REGISTER